普通高等院校"十三五"规划教材

常用电工电子测量仪表使用与维护

主　编　任小文

副主编　惠俊峰　赵铁牛

西南交通大学出版社

·成　都·

图书在版编目（CIP）数据

常用电工电子测量仪表使用与维护 / 任小文主编
.—成都：西南交通大学出版社，2018.9
普通高等院校“十三五”规划教材
ISBN 978-7-5643-6442-7

Ⅰ. ①常… Ⅱ. ①任… Ⅲ. ①电工仪表 – 高等学校 – 教材②电子测量设备 – 高等学校 – 教材 Ⅳ. ①TM93

中国版本图书馆 CIP 数据核字（2018）第 218090 号

普通高等院校“十三五”规划教材

常用电工电子测量仪表使用与维护

主编　任小文

责任编辑　张文越
助理编辑　梁志敏
封面设计　何东琳设计工作室

印张：12.5　字数：314千
成品尺寸：185 mm × 260 mm
版次：2018年9月第1版
印次：2018年9月第1次
印刷：成都中永印务有限责任公司
书号：ISBN 978-7-5643-6442-7

出版发行：西南交通大学出版社
网址：http://www.xnjdcbs.com
地址：四川省成都市二环路北一段111号
西南交通大学创新大厦21楼
邮政编码：610031
发行部电话：028-87600564　028-87600533
定价：36.00元

课件咨询电话：028-87600533
图书如有印装质量问题　本社负责退换

前　言

　　电工电子测量仪表是电气设备和电力电子线路进行安装、调试、维修、保养的必备工具，熟练使用这些工具是电气工程技术人员必须掌握的一种职业技能。

　　《常用电工电子测量仪表使用与维护》是在教育部高等教学改革中关于"特色教材"编制的有关指导原则下，为满足应用型本科和高等职业院校的教学改革需要而专门编写的。该书围绕电工技术、电子技术、电机与控制技术、电力电子技术和安全用电的理论体系，紧密结合城市轨道交通类、电气信息类、机电综合类等专业的技能培养和实践需求，将电气理论知识与工程应用相互融合。其主要内容包括：电工电子测量基础知识，万用表、欧姆表、电流表、电压表、仪用互感器、钳形电流表、兆欧表、直流单臂电桥、直流双臂电桥、电度表、有功功率表、功率因数表、示波器、晶体管特性图示仪等常用电工电子仪表的分类、技术特性、工作原理、型号规格、使用方法、注意事项、选用原则、维护保养、实训与思考等。

　　本书在编写过程中严格遵循"简明、实用、理论够用"的应用型人才培养原则，将十多年的企业现场总结与多年的理论教学经验相结合，针对生产企业、轨道交通行业的技术需求，以及学生综合素质的培养要求，采用任务驱动，既有技能素质的培养，又有理论分析，还有项目实验实训等内容，全面体现了当前应用型本、专科教材所需要的实用性、理论性和综合性统一的要求。

　　本书的主要特点是：

　　1. 知识范围广

　　本书依据轨道交通领域、电力行业、生产企业当前和未来发展的需求而编制，内容包含中低压电器元件、电力电子元件、普通电子元件等基本电路元件的测试方法，还涉及测量的基本知识、电工与电子技术的基本电路和电工电子仪器仪表等专业知识。编排上，从易到难，循序渐进，形成了电工电子元器件与线路检测、仪表选用、操作与维护的完整专业体系，同时通过电气安全操作规程和实验操作规程的讲授，引导学生树立安全生产的岗位意识。

　　2. 适用专业多

　　本书适用于城市轨道交通信号与控制、电气工程及其自动化、电气自动化技术、机电一体化等应用型本科和高等职业院校的机电信息类专业，可作为这些专业的实训指导用书。本书与国家职业技能鉴定的考核要求紧密衔接，还可作为高素质职业技能培训教材及相关工程技术人员的参考用书。

3. 综合实践性强

本书每项模块化内容都精选了工程中的实际问题和核心专业知识，采用"教—学—用"的项目化教学模式，重点突出技能训练，项目后附有实训与思考题，可提高学生对专业知识的应用效率和掌握能力，实现了电气知识模块的综合应用和能力拓展。

该书作为综合实训教材使用时，建议开设 32 个学时。

本书的编写工作得到了西安交通工程学院郝迎吉教授，齐军营、贾亚娟、谢国坤、南江萍等讲师，以及航天亮丽电气有限责任公司任浩楠工程师的鼎力支持，在此一并表示衷心的感谢！

由于编者水平和经验有限，书中难免有不妥之处，敬请读者批评指正。

编　者

2018 年 5 月

目　录

电工电子测量基础理论

一、电工电子测量概述

（一）电工电子测量的意义

人们在日常生活和生产中经常要对事物进行测量，测量是为了准确地获取被测参数的值，使人们可以获得对客观事物数量上或性质上的认识。例如：用米尺度量物体的长度，用天平秤物体的质量，用计时器测量时间等。在电工领域经常需要用到测量技术：电能在生产、传输、变配、使用过程中，必须通过各种电工仪表对电能的质量、电气线路的运行参数、负载的工作状态实施检测、监控，保证电力系统可靠、安全、经济运行；电器设备在安装、调试、实验、运行、维修过程中也必须通过各种电工仪表的测量、分析，提供科学的使用依据，保证电气设备的安全可靠、稳定运行。在电子技术领域，同样也需要使用电子测量，通过对电子元器件、电子线路的性能、状态等参数的等测量，进行科学的调试、维护、检修工作，才能保证电子设备和电子线路信号的产生、传递、转换、处理、显示等系统的正常运行。另外，用电产品的制造和质量检测也离不开电工电子测量。总之，现代化的工业生产和生活领域，离不开对电信号的实时监测。

电工与电子测量是以电工与电子技术为手段而进行的测量，是测量技术中发展较快一部分，是测量学和电工与电子学相结合的产物。

随着科学技术的发展，多学科技术的创新与融合，测量仪器与计算机的通信交互，使得电工与电子测量的测量目的、测试过程、测试结果等都发生了观念上的变化，测量技术和仪器仪表技术也在不断地进步和发展。

（二）电工电子仪表测量的内容

电工电子测量的内容包括以下几类：

（1）电能量的测量，如各种频率下的电压、电流、功率、电场强度等的测量。

（2）电信号特征的测量，如信号的波形和失真度、频率、周期、时间、相位、调幅度、调频指数、噪声以及数字信号的逻辑状态等的测量。

（3）电路参数的测量，如电阻、电感、电容、阻抗、品质因数、电子器件参数等的测量。

（4）非电量的电测量。在科学研究和生产实践中，常常需要对各种非电量进行检测，通过各种敏感器件和传感装置将许多非电量（如位移、速度、温度、压力、流量等）转换成电信号。

（三）电工电子仪器仪表未来发展趋势

科学技术的不断进步对仪器仪表提出了更高更新的要求。仪器仪表的发展趋势也在不断采用新的工作原理和新材料、新元件，例如，利用超声波、微波、射线、红外线、核磁共振、超导、激光等原理和采用各种新型半导体敏感元件、集成电路、集成光路、光导纤维等元器件，其目的是实现仪器仪表的小型化、集成化、减轻质量、降低生产成本，以及便于使用和维修等。另一重要的趋势是通过微型计算机的使用来提高仪器仪表的性能，提高仪器仪表本身的自动化、智能化程度和数据处理能力。仪器仪表不仅可单独使用，而且可以通过标准接口和数据通道与计算机结合起来，组成各种测试控制管理综合系统，满足更高的要求。

二、测量的基本知识

测量，就是指为了确定被测对象的量值或确定一些量值的依从关系而进行的实验过程。所获得的测量结果的量值一般包括两部分，即数值（大小及符号）和用于比较的标准量的单位名称，如某电阻为 50 Ω，某线路流过的电流为 3 A，某电压为 –10 V 等。

（一）测量的误差

1. 测量误差的基本概念

测量误差，是指测量值（测量结果）与被测量的实际（或真实）值之间的差异。在实际测量中，由于人们对客观事物认识的局限性及测量器具的不准确、测量手段的不完善、测量环境条件的变化以及测量工作中的失误等原因，都会使测量结果与被测量的真实值之间存在一定的差异，导致测量误差。

在一定条件下，测量误差是客观存在的确定的值，能反映出测量结果与真实值的接近程度。

2. 测量误差的表示

测量误差通常采用绝对误差和相对误差两种方法表示。

1）绝对误差

设被测量 X 的测量结果为 x，真值为 A_0，则绝对误差 Δx 为

$$\Delta x = x - A_0$$

注意，被测量的真值 A_0 是一个理想的概念。在实际中由于受到各种主观及客观因素的影响，真值往往不可能准确获知，因此，通常采用约定真值 x_0（也称为实际值）替代真值来进行绝对误差的计算，即 $\Delta x = x - x_0$。

绝对误差有大小、符号和量纲，大小反映测量值偏离真值的程度，其符号表示偏离真值的方向，其量纲与被测量相同。

2）相对误差

相对误差采用百分数的形式来表示误差的大小，有大小和符号，但无量纲。相对误差主要有示值相对误差、实际相对误差和引用相对误差三种。

（1）示值相对误差 Y_x，是指绝对误差 Δx 与被测量示值 x 之比的百分数，用 Y_x 表示，即

$$Y_x = (\Delta x / x) \times 100\%$$

（2）实际相对误差 Y_{x0}，是指绝对误差Δx 与被测量的约定值 x_0 之比的百分数，用 Y_{x0} 表示，即，

$$Y_{x0} = (\Delta x / x_0) \times 100\%$$

（3）引用误差 Y_m，又称为满度相对误差，是指绝对误差Δx 与仪器的满刻度值 x_m 之比的百分数，用 Y_m 表示，

即 $$Y_m = (\Delta x / x_m) \times 100\%$$

引用误差一般用于连续刻度的多挡仪表，并常用来评定这些仪表的准确度级别。我国常用电工仪表的准确度级别就是根据引用误差 Y_m 划分为七级：0.1、0.2、0.5、1.0、1.5、2.5 及 5.0 级。其中 0.1 级仪表的级别最高，表明仪表的 Y_m 的绝对值≤0.1%，通常也写作 $Y_m = \pm 0.1\%$，表示引用误差 Y_m 为 − 0.1% ~ +0.1%。

3. 测量误差的分类

根据测量误差的性质和特点不同，可将其分为随机误差、系统误差和粗大误差三种。

1）随机误差

随机误差是指测量结果与在重复性条件下对同一量进行无限多次测量所得结果的平均值之差。对于单次测量，随机误差没有规律，其大小和方向不可预测；但测量次数足够多时，随机误差总体服从统计规律。因此，可采用概率论及数理统计的方法来分析和研究随机误差。

随机误差主要是由对测量观测值影响微小而又互不相关的因素共同作用产生的。例如，测量仪表元器件的噪声、温度、电源电压的无规则波动、电磁干扰，以及测量人员感官等多种互不相关的微小因素，这些无法控制的因素的随机变化导致了重复性观测中测量值的分散性。因此，对于随机误差，既不能修正，也不能消除，可以采用增加测量次数，再根据其本身存在的某种统计规律，利用数理统计的方法来加以限制和减小。

2）系统误差

在重复性条件下，对同一被测量进行无限多次测量所得结果的平均值与被测量真值之差，称为系统误差。

系统误差的产生原因很多，通常是由于测量设备有缺陷、测量环境条件不合要求、测量方法不完善以及测量人员的不良习惯及生理条件限制等原因引起的。针对系统误差产生的原因，可利用校准、比对的方法以及零示法、替代法、交换法等来减小系统误差造成的影响。

3）粗大误差

在一定测量条件下，测量值明显偏离约定真值所形成的误差，称为粗大误差。粗差是对测量结果的明显歪曲。含有粗差的测量值也叫异常值。在进行数据处理时，应当将异常值从测量数据中剔除掉。造成粗大误差的原因，主要是测量方法错误、测量操作失误、测量仪器缺陷以及测量条件突然变化等。

（二）测量仪器仪表的误差及其符合性评定

1. 测量仪器仪表的误差

测量仪器仪表通常用示值误差和最大允许误差来表征其特性。

1）示值误差

测量仪器仪表的示值误差是测量仪器仪表的示值与被测量真值之差。

由于真值的不确定性，示值误差实际上是利用示值与约定真值之差来确定的。对于测量仪器仪表，示值为其所指示的被测量值；对于实物量具，示值为其标称值。示值误差可以表示测量仪器仪表的准确度。示值误差越大，测量仪器仪表的准确度越低；示值误差越小，测量仪器仪表的准确度越高。

测量仪器仪表的示值误差与使用条件有关，如无特别说明，一般是指在标准条件下的示值误差。标准工作条件是指为了测量仪器性能或保证测量结果能有效地相互比较而规定的测量仪器仪表的使用条件。不同的测量仪器仪表，其标准工作条件有所不同，可参见相关的检定规程。

2）最大允许误差

对测量仪器仪表来说，最大允许误差（也称极限误差）是制造厂家对某种型号仪器所规定的示值误差的允许范围，而不是某一台仪器实际存在的误差。测量仪器的最大允许误差可从仪器仪表说明书或相关技术文件中查到，用数值表示时带"±"号，通常用绝对误差、相对误差、引用误差或它们的组合形式表示，如±0.1 mV、±0.1%等，即 MPE 等于"±某数值"。

最大允许误差的绝对值称为最大误差限，用 MPEV 表示。若已知测量仪器准确度级别为 a，则可利用下式确定其最大误差限：

$$\text{MPEV}=a\% \cdot x_{\text{m}}$$

式中，x_{m} 为仪器的满刻度值。

2. 测量仪器仪表示值误差的符合性评定

对测量仪器进行符合性评定，评定示值误差的扩展不确定度 U95 应满足下面条件：

$$\text{U95}\leqslant 1/3 \cdot \text{MPEV}$$

若被评定测量仪器仪表的示值误差在其最大误差限内，可判为合格，若被评定测量仪器仪表的示值误差超出其最大误差限，可判为不合格。

【实训与思考】

（1）什么是测量？什么是测量误差？测量误差按其性质和特点分为哪几类？

（2）使用电压表测量一个正在工作的用电器，此时测量电压为 200 V，用电器的铭牌上标注的电压为 220 V，请问这个用电器能正常工作吗？若此时线路的真实电压为 199 V，电压表的满量程为 250 V，那么仪表测量的最大误差是多少？示值相对误差是多少？实际相对误差是多少？引用误差是多少？这个电压表的准确度应该为哪个等级？

（3）判定测量仪表是否合格的标准是什么？

（4）用一台多功能校准源标准装置检定某数字电压表020V挡的 10 V 电压值。测得该数字电压表 10 V 电压值的示值误差 ΔU 为 0.001 V（其扩展不确定度 U95=0.2 mV）。已知该数字电压表的最大允许误差为±（0.0035%×读数+0.0025%×所选量程的满度值），试问该数字电压表是否合格？

三、电工电子仪表的基本知识

（一）常用的电工电子测量方法

在电量测量的实际过程中，往往是将被测量与作为测量单位的同类标准量进行比较。该标准量实际上是测量单位的复制体，称为度量器，为了保证测量的准确性，度量器应具有足够的精确度和稳定性。根据准确度等级和用途的不同，分为基准度量器和标准度量器两种。前者是准确度等级最高的度量器，后者用于比较、测量和检定低一级测量仪表。

根据度量器参与测量过程形式以及获取测量结果的方式不同，形成了不同的测量方法。

1．按测量手段分类

1）直接测量法

电工电子仪表直接读取被测量数值，且无须度量器参与的测量方法，称为直接测量法。如用电流表测电流，用电压表测电压。这种方法的缺点是由于仪表的接入，会使被测电路的初始工作状态发生一定的变化，因此测量的数值准确度较低，如图 0-1。

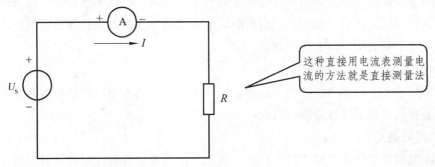

图 0-1　直接测量的示例

2）间接测量法

当直接获取被测量有困难时，而其又与某些容易测得的其他量存在一定的函数关系时，可先获取其他量，再按函数式计算出被测量的方法，称为间接测量法。这种方法费时、费事，多用在不便于直接测量、准确度要求不高的科学实验场合。如图 0-2 所示。

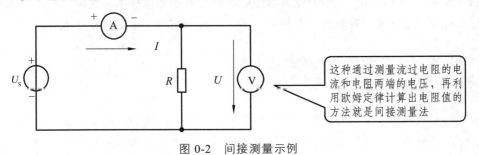

图 0-2　间接测量示例

3）比较测量法

将被测量与标准度量器进行比较的测量方法，称为比较测量法。有三种常用的比较测量方法：

（1）零值法：改变标准量使之趋近被测量，当两者的差值为零时，读取的标准量即为被测量的方法，叫作零值法。如用电桥测量电阻的方法。

（2）差值法：与上述零值法相类似，当两者的差值为零时，读取的标准量就是被测量的方法，称为差值法。如用不平衡电桥测量电阻的方法。

（3）代替法：测量时，将被测量与标准量分别接入同一测量装置或电路，而使仪表的读数不变，则此时的被测量即为已知的标准量，这种方法称为代替法。

比较测量法适用于精密测量，但是这种测量设备复杂，操作麻烦，环境条件要求也比较高，适用于科学实验或一些特殊场合。

2. 按被测量性质分类

按被测量性质的不同，测量方法又分为时域测量、频域测量、数据域测量和随机测量。

1）时域测量

时域测量是指以时间为函数的量的测量。例如，电压、电流等被测量的稳态值和有效值大多利用仪表可以直接进行测量，它们的瞬时值可以通过示波器等仪器显示其波形来进行观测得到，并可观测其随时间变化的规律。

2）频域测量

频域测量是指以频率为函数的量的测量。例如，电路的增益、相移等被测量可通过分析电路的频率特性或频谱特性来进行测量。

3）数据域测量

数据域测量是指对数字量进行的测量。例如，使用逻辑分析仪可以同时观测许多单次并行的数据；对于微处理器地址线、数据线上的信号，既可显示其时序波形，也可利用"1""0"来显示其逻辑状态。

4）随机测量

随机测量是指对各类噪声、干扰信号等随机量的测量。

除了上述分类方法外，电子测量技术还有动态与静态测量技术、模拟与数字测量技术、实时与非实时测量技术、有源与无源测量技术、点频和扫频与多频测量技术等。

（二）常用电工电子仪表的分类、标志

1. 电工电子仪表的分类

常用电工电子仪表的测量对象有电阻、电流、电压、电功率、电能、相位、频率、功率因数、电容、电感、晶体管极性、性能等多种电量和非电量。为了便于测量，将电工电子仪表按照其用途、工作原理、显示方式等进行分类。

1）模拟式仪表

模拟式仪表是将被测量转换为仪表可动部分的机械偏转角，借助指针来显示被测量值。该仪表又称为直读式或机械式仪表。其常用的分类如下：

（1）按测量机构的结构和工作原理分：磁电系、电磁系、电动系、感应系、静电系、整流系等类型。

（2）按被测量分：电流表、电压表、功率表、电能表、功率因数表、欧姆表、绝缘电阻表、相位表等类型。

（3）按所测电流的种类分：直流、交流以及交直流两用表。

（4）按准确度等级分：0.1、0.2、0.5、1.0、1.5、2.5、5.0 等七个等级。数字越小，仪表的误差越小，准确度等级越高。

（5）按使用条件分：仪表规定在湿度为 85% 的条件下使用，分为 A、A1、B、B1、C 五组类型。

（6）按外壳防护性能分：普通式、防尘式、防溅式、防水式、气密式、水密式、隔爆式等七种类型。

（7）按防御外界磁场或电场的性能分：Ⅰ、Ⅱ、Ⅲ、Ⅳ四个等级。

（8）按使用方法：有安装式和便携式两种。安装式仪表固定安装在开关板或电气设备的面板上，主要用于供电系统的运行监控与测量，也叫面板式仪表；便携式仪表方便携带或移动，广泛应用于实验、精密测量及对仪表的校验。

模拟式仪表一般功能简单、精度低、响应速度慢。

2）比较仪表

比较仪表如电桥、电位差计等仪表，是将被测量与同类标准量比较度量的仪表。这类仪表结构复杂、操作麻烦，但是精度高。

3）数字化仪表

数字化仪表是以数码形式直接显示被测量的仪表，可以测量模拟量，也可以测量数字量，还可以编码形式同计算机进行数据处理，达到智能化控制的目的。数字化仪表精度高、响应速度快、读数清晰、直观，测量结果可以打印输出，也容易与计算机技术相结合。

4）自动测试系统

自动测试系统也称为网络化仪器仪表。它是以 PC 机和工作站为基础，通过组建网络来构成测试系统，不仅能够连续地实时显示，而且能够实时处理大量的测试数据，提高了工作效率并实现了信息资源共享，已经成为仪器仪表和测量技术发展的方向之一。

2. 电工电子仪表标志

按照国家标准的规定，每只仪表的表盘上应表示测量对象单位、准确度等级、电源种类和相数、测量机构类别、使用条件组别、工作位置、绝缘强度试验电压数值、仪表型号以及额定值等不同符号，这种反应仪表技术特性的符号叫作标志符号。它是电工仪表使用的参考依据。如图 0-3 中左上角和右上角所示。

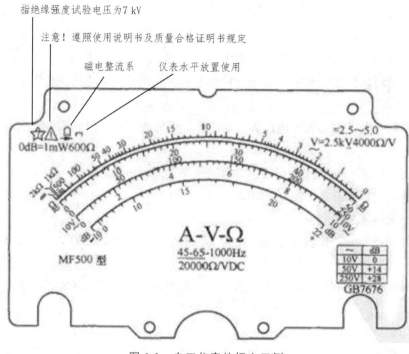

图 0-3　电工仪表的标志示例

常见的电工仪表标志符号如表 0-1～0-4 所示：

表 0-1　仪表的图形符号

名称	符号	名称	符号	名称	符号
磁电系仪表		电动系仪表		感应系仪表	
磁电系比率表		电动系比率表		静电系仪表	
电磁系仪表		铁磁电动系仪表		整流系仪表（带半导体整流器和磁电系测量机构）	
电磁系比率表		铁磁电动系比率表		热电系仪表（带接触式热变换器和磁电系测量机构）	

表 0-2　电流种类的符号

名称	符号	名称	符号	名称	符号	名称	符号
直流	——	交流（单机）		直流和交流		具有单元件的三相平衡负载交流	

表 0-3　准确度等级的符号

名称	符号	名称	符号	名称	符号
以标度尺量程百分数表示的准确度等级，例如 1.5 级	1.5	以标度尺长度百分数表示的准确度等级，例如 1.5 级	∨1.5	以指示值百分数表示的准确度等级，例如 1.5 级	①1.5

表 0-4　按外界条件分组的符号

名称	符号	名称	符号	名称	符号
Ⅰ级防外磁场（例如磁电系）	∩	Ⅲ级防外磁场及电场	Ⅲ ⁞Ⅲ⁞	B 组仪表	△B
Ⅰ级防外电场（例如静电系）	⁞°⁞	Ⅳ级防外磁场及电场	Ⅳ ⁞Ⅳ⁞	C 组仪表	△C
Ⅱ级防外磁场及电场	Ⅱ ⁞Ⅱ⁞	A 组仪表	△A	—	—

电工物理量的单位与符号如表 0-5 所示。

表 0-5　常用的电工测量单位名称与符号

单位	符号	单位	符号	单位	符号
千安	kA	千瓦	kW	千欧	$k\Omega$
安培	A	瓦特	W	欧姆	Ω
毫安	mA	兆乏	MVar	毫欧	$m\Omega$
微安	μA	千乏	kVar	微欧	$\mu\Omega$
千伏	kV	乏	Var	法拉	F
伏特	V	兆赫	MHz	微法	μF
毫伏	mV	千赫	kHz	皮法	pF
微伏	μV	赫兹	Hz	亨利	H
兆瓦	MW	兆欧	$M\Omega$	毫亨	mH

（三）电工电子指示仪表的主要技术要求

为了保证对电工物理量的测量结果准确可信，国家标准补标准号《电气测量指示仪表通用技术条件》对电工指示仪表做了具体的规定。主要包括以下几方面。

1. 足够的准确度

准确度指的是仪表指示值与被测量实际值之间的接近程度。指示仪表的准确度用仪表的最大引用误差来表示。即

$$\pm K\% = (\Delta A_{max} / A_m) \times 100\%$$

在国家标准中规定，各准确度等级的仪表在规定的使用条件下测量时，其基本误差不得

超出表 0-6 规定的数值。

表 0-6　各准确度符级的基本误差

准确度等级	0.1	0.2	0.5	1.0	1.5	2.5	5.0
基本误差（%）	±0.1	±0.2	±0.5	±1.0	±1.5	±2.5	±5.0

注意：在选择仪表时，应该根据测量的实际要求，不仅要考虑仪表的准确度，还要使被测量的估计值尽量靠近所选择的仪表量程，以保证测量结果的准确性。

一般地说，仪表的准确度等级越高，其误差越小；反之，则误差越大。

2. 合适的灵敏度

指示仪表的灵敏度 S 是指仪表可动部分的偏转角的变化量 Δa 与被测量的变化量 ΔA 的比值。即 $S=\Delta a/\Delta A$ 它表示了仪表对被测对象的响应能力，也就是反映了该仪表所能测得的最小测量值。

通常将灵敏度的倒数称为指示仪表的仪表常数。用字母 J 来表示。线性标尺的仪表常数为 $J=1/S$。

3. 良好的读数装置和阻尼装置

指示仪表的标尺分度要清晰均匀，便于读数。对于不均匀刻度的标尺，应用符号标明读数的起点。

仪表的阻尼良好是指仪表的阻尼时间要短。所谓阻尼时间，是指仪表从测量电路通电开始，到指针在读数位置上左右摆动不超过标尺全长的 ±1% 时止，所需要的时间。

4. 仪表的变差小

变差是指在测量条件不变的前提下，重复测量同一被测量时读数之间的差值。要求仪表的变差不超过基本误差的绝对值。

5. 仪表本身的功率消耗要尽量小

这样在使用仪表测量电工物理量时，不会因为仪表的接入而影响被测电路的初始工作状态。

6. 受外界的条件影响小

7. 有一定的过载能力和足够的绝缘强度

要求仪表具有一定的抗过载能力，以延长仪表的使用寿命；要求仪表具有足够的绝缘强度，则是为了保证使用者和仪表的用电安全。

（四）常用的电子仪器

在模拟电子电路实验和检修中，经常使用的电子仪器有示波器、函数信号发生器、直流稳压电源、交流毫伏表以及频率计等。与电工仪表测量相比，电子仪器具有一些明显的特点。

1. 测量频率范围宽

电子仪器除测量直流外，还包括测量交流，其频率范围在 10^{-6} Hz。在不同的频率范围内，被测量的种类不同，采用的测量方法和使用的测量仪器也不同。例如，在直流、低频、高频范围内，电流和电压的测量需要采用不同类型的电流表和电压表。

2. 量程范围广

量程是指测量范围的上限值与下限值之差。被测量的数值一般相差很大，因而要求测量仪器具有足够宽的量程。例如，数字万用表对电阻的测量范围，小到 10^{-5} Ω，大到 10^8 Ω，量程达到 13 个数量级；数字万用表可测量由纳伏（nV）级至千伏（kV）的电压，量程达 12 个数量级；而数字式频率计，其量程可达 17 个数量级。

3. 测量准确度高

电子测量的准确度比其他测量方法高得多。例如，用电子测量方法对频率和时间进行测量，由于采用原子频标和原子秒作为基准，可以使测量准确度达到 $10^{-15} \sim 10^{-16}$ 的数量级，因此通常尽可能地把其他参数变换成频率信号再进行测量。例如，利用 A/D 变换器将电压信号转换为频率，再用电子计数器计数，就构成了数字电压表；利用传感器将重力转换为电信号，再利用电子计数器计数，就构成了电子秤。

4. 测量速度快

电子测量是利用电子运动和电磁波传播进行工作的，具有其他测量方法通常无法比拟的高速度。这也是电子测量技术广泛应用于现代科技各个领域的重要原因。如卫星、宇宙飞船等各种航天器的发射和运行，都离不开快速、自动的测量与控制。

在有些测量过程中，为了减小误差，会在相同条件下对同一量进行多次测量，再利用求平均值的方法得到结果；有的测量条件随时间改变，可以采用提高测量速度的方法进行测量。这就需要选择符合条件的电子仪器仪表来完成。

5. 易于实现遥测和长期不间断的测量，易于实现测量过程的自动化和测量仪器微机化

一些电子仪器仪表能够进行非接触测量，可实现遥测、遥控，并且可以在被测对象正常工作的情况下进行长期不间断的测量。结合大规模集成电路和微型计算机的应用，一些电子仪器还能够在测量过程中自动转换量程、自动调节、自动校准、自动诊断故障和自动恢复，并可以对测量结果进行自动记录、自动进行数据运算、分析和处理。

【实训与思考】

（1）指针式仪表与数字式仪表在测量数据显示方面有什么不同？

（2）分析间接测量和直接测量，在测量结果上，哪种方法更准确？说明原因。

（3）仪表的准确度是依照哪种误差来确定的？某仪表的基本误差是"±1.5"，这个数字的含义是什么？其准确度等级属于哪一级？

（4）电工仪表的灵敏度指什么？甲仪表的灵敏度为 0.1 μA，乙仪表的灵敏度为 0.2 μA，请问在这两个仪表中，哪个仪表测量 0.14 μA 时更准确？

（5）仪表的满量程与仪表测量的准确性有关吗？是否能说满量程越大，测量就越准确？请分析原因。

（6）一只万用表的表盘如图0-4所示，请指出表盘右上角的4个标志符号的含义。

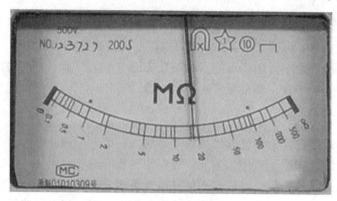

图0-4　万用表表盘

四、电子仪器仪表的使用

（一）电子仪器仪表使用概述

在模拟电子电路的实验或设备中，经常使用的电子仪器有示波器、函数信号发生器、直流稳压电源、交流毫伏表和频率计等。它们和万用表一起，可以完成对模拟电子电路的静态和动态情况的测试。

实验中要对各种电子仪器进行综合使用，可以按照信号流向，以连线简捷、调节顺手、观察与读数方便等原则进行合理布局。各仪器与被侧实验装置之间的布置与连线如图0-5所示。连线时应该注意，为防止外界干扰，各仪器的公共接地端应连接在一起，即共地。信号源和交流毫伏表的连接线通常用屏蔽线或专用电缆线；示波器接线使用专用电缆线，即同轴电缆；直流电源的接线用普通导线。

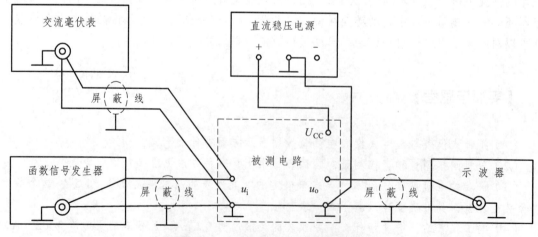

图0-5　电子仪器仪表连接布置图

（二）常用电工电子仪表的选择、使用与保养

合理选择和正确使用电工仪表，不仅直接影响到电工物理量的测量结果的准确性，而且还与安全性以及经济性密切相关。

1. 电工电子仪表的合理选择

1）合理选择、使用仪表的指导思想

在保证完成预定的测量技术要求的前提下，确定所选定的仪表类型、准确度等级、量程以及仪表的内阻等，优先考虑仪表性能能满足测量的技术要求，且价格较便宜的仪表。

2）仪表类型的选择

根据被测量的电流性质来选择直流型或交流型的仪表。测量直流时广泛采用磁电系仪表。测量正弦交流电量时，常采用电磁系、电动系仪表来测量其有效值。测量非正弦交流电量时，用电磁系或电动系仪表来测量有效值，用整流系仪表测量其平均值，同时常用示波器观察非正弦电量的波形并测量其他参数。

3）仪表准确度等级的测量

从实际出发，首先要确保达到测量的精度要求，然后再充分考虑其经济性，不可过分追求仪表的高准确度等级。

4）仪表量程的选择

为了获取正确的读数和防止仪表损坏，仪表的量程一定要大于或等于测量对象的最高值。通常把测量对象的最高值，处在仪表标度尺满刻度的 70% ~ 80%，作为选择量程的参考标准。

5）仪表内阻的选择

仪表内阻的大小反应仪表本身的功耗。凡与电路并联的仪表，内阻（如电压表或功率表的电压线圈等）应尽量大，且量程越大，内阻越大；凡与电路串联的仪表，内阻（如电流表或功率表的电流线圈等）应尽量小，且量程越大，内阻越小。

6）仪表工作条件的选择

每一种电工仪表的说明书都规定了仪表的工作环境条件。对温度、湿度、振动以及电磁场等有特定要求的，应该选用具有相应防护性能的仪表。

7）仪表绝缘强度的选择

根据被测电路电压的高低确定仪表绝缘强度，防止测量过程中损坏仪表及发生人身伤害事故。

2. 电工电子仪表的维护与保养

注意日常维护和保养，是使电工仪表始终保持良好工作状态的重要环节。其要点如下：

（1）轻取轻放仪表，防止剧烈的振动和撞击。

（2）始终保持仪表的整洁，有的仪表内附电池，不经常使用时，应将电池取出，防止电池漏电和内部机件腐蚀。

（3）仪表要保持干燥，且不可放置在潮湿、过冷或过热的场所，更要防止有害气体的腐蚀。

（4）妥善保管仪器仪表的附件、说明书及专业接线，确保配件、资料齐全。

（5）按照规定定期检查和校验仪器仪表，保证仪器仪表的测量准确度。

（6）仪表保管人员要落实到人，建立和完善必要的管理制度。

项目一 低压验电笔的使用

试电笔简称电笔，是用来检查测量低压导体和电气设备外壳是否带电的一种常用工具。验电笔显示是否有电的方式分为两种：氖泡发光式和数显感应式。见图 1-1 和 1-2 所示。普通试电笔电压测量范围为 60~500 V，低于 60 V 时试电笔的氖泡可能不会发光，高于 500 V 电压，不能使用低压试电笔来检测是否有电。

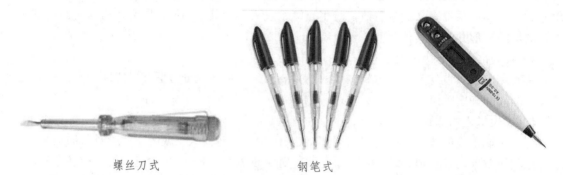

螺丝刀式　　　　　　　钢笔式

图 1-1　氖泡发光式验电笔　　　　　　　　　图 1-2　数显感应式验电笔

氖泡发光式验电笔通常有钢笔式和螺丝刀式两种结构。其结构如图 1-3 所示。它的工作原理是：当测试带电体时，金属探头触及带电导体，并用手触及验电笔后端的金属挂钩或金属片，此时电流路径是通过验电笔端、氖泡、电阻、人体和大地形成回路而使氖泡发光。

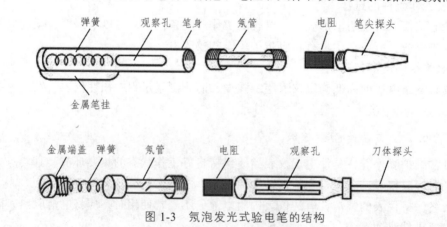

图 1-3　氖泡发光式验电笔的结构

一、氖泡发光式验电笔的使用与注意事项

1. 握笔方式

正确的握笔方式（见图 1-4）。

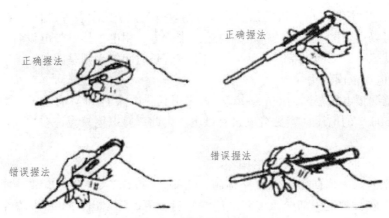

正确握法　　　　　正确握法

错误握法　　　　　错误握法

图 1-4　握笔姿势的对比

使用时，注意手指必须接触金属挂钩或验电笔顶部的金属螺钉。观察时应将氖管窗口背光朝向操作者，便于观察氖管是否发光。如图 1-5 所示。

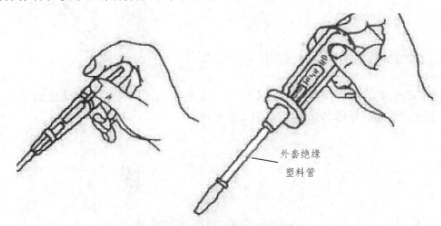

外套绝缘
塑料管

图 1-5　发光式验电笔正确的握笔姿势

2. 验电方法

（1）区分相线与零线时，用完好的验电笔触及导线裸露处，氖管发光的导线是相线，正常情况下零线不会使氖管发光。

（2）区分直流电与交流电时，如果验电笔两端都发光，被测试的为交流电；若氖管只有一端发光，则被测试的为直流电。

（3）区分直流电的正、负极时，用验电笔在直流电路上测试，氖管发光的一极是负极，不发光的一极是正极。

（4）测试导线是同相还是异相时，操作者必须站在与大地绝缘的橡胶垫或其他绝缘物上，两手各持一只完好的验电笔，同时分别接触待测的两根导线。如果两只电笔都发光，则两根导线不同相，否则就是同相。

3. 验电笔使用注意事项

1）区分设备漏电与静电

有些设备金属外壳没有接地或接零保护。验电时氖管也发亮，但这种带电，一般不构成触电危险。遇到这种情况，电工可用试验灯、万用表电阻挡、兆欧表等进行测量来加以区分。除此之外，还可以用验电笔区分设备是漏电还是带静电：用电笔接触带电设备，如果氖管闪亮一下，立刻就熄灭，证明设备带的静电；如果氖管长时间闪亮则是漏电。

2）在额定电压范围使用

普通验电笔测量电压范围为 60～500 V。如果用其测试低于 60 V 的电压。会造成误判断；用其测试高于 500 V 的电压，容易造成人身触电。因此，验电笔只允许在规定的电压范围内使用。

3）验电时须采取防触电和短路措施

使用验电笔时须采取防触电和短路措施，否则，会造成人身触电事故。使用螺丝刀式验电笔时，其上较长的笔头部分，应套上绝缘塑料套管，只留出 10 mm 左右金属头作测试用。因为低压设备相间及相对地之间的距离较小，如果不采取上述防护措施，极易引起相间及相对地短路。用验电笔验电时，操作人员应保持操作稳定，不能将笔尖同时接触在被测的两线上，特别是检验靠得很近的接线桩头时，更应格外小心，以免误碰、误触而造成短路伤人。

二、数显感应式验电笔的使用与注意事项

数显感应式验电笔能够直接检测 12～250 V 的交直流电和间接检测交流电的零线、相线和断点，还可测量不带电导体的通断。如图 1-6 所示。

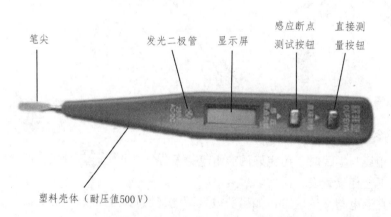

图 1-6　数显感应式验电笔的结构

1. 按钮说明

（A 键）DIRECT：直接测量按键(离液晶屏较远)，也就是用笔头直接去接触线路时，请按此按钮；

（B 键）INDUCTANCE：感应测量按键(离液晶屏较近)，也就是用笔头感应接触线路时，请按此按钮。

注意：不管电笔上如何印字，请认明离液晶屏较远的为直接测量健，离液晶较近的为感应键即可。

2．检测方法

1）直接检测

（1）交流验电。

手指接触直接测量按钮，用笔头测带电体，有数字显示则为相线，反之为零线。

（2）导线外估测相线、零线以及线路故障断点。

用手触及检测按钮，再用笔头测带电体的绝缘层，有符号显示的为相线，反之为零线；沿线移动，如果符号消失，则该部位就是导线的断点位置。

（3）自检。

用一只手触及直接测量按钮，另一只手触及笔头，发光二极管亮则证明试电笔本身完好正常。

2）间接检测

（1）测量电气设备的通断（不能带电测量）。

一手触及被测设备一端，另一只手触及直接测量按钮测量另一端，发光二极管亮则设备导通，反之为断开。

（2）测电池容量。

手触及电池正极，用笔尖测电池负极，发光二极管不亮为电池有电，亮则为无电。

（3）测电子元件。

测小电容器：手触及电容器的一个极，用验电笔测另一极，发光二极管闪亮一下说明电容器正常；对调位置测量，如果对调前后两次测量电笔都亮或都不亮，说明电容器短路（或容量过大）或断路。

测二极管：手触及二极管的一个极，用验电笔测另一极，亮则说明手触及的为正极，反之为负极。双向都亮或都不亮，则说明二极管短路或断路。

3）感应检测

（1）按住感应断点按钮键，沿电线纵向移动时，显示窗内无显示处即为断点处。

（2）轻触感应、断点测量(INDUCTANCE)按键，测电笔金属前端靠近被检测物，若显示屏出现"高压符号"表示物体带交流电。

4）电压检测

（1）检测范围为 12～250 V 的交/直流电压。

（2）轻触直接测量（DIRECT）按键，测电笔金属前端接触被检测物，测电笔分 12 V、36 V、55 V、110 V 和 220 V 五段电压值，液晶显示屏最后的数值为所测电压值(未至高端显示值的 70%时，显示低端值)。

注意事项：按键不需用力按压，测试时不能同时接触两个测试键，否则会影响灵敏度及测试结果。

【实训与思考】

1．用验电笔检测实训室插座是否带电？若带电，请区别相线与零线。

2．用验电笔在直流稳压电源上进行实训：

（1）区分交流电和直流电。

（2）区分直流电的正极和负极。

3. 实训室的照明电路上人为设置一个火线断开故障，用数显感应式验电笔检测故障点。

4. 现场分析题：因为家里的灯泡不亮，小张就站在一张木桌子上，用验电笔测试灯泡的火线，结果发现试电笔不亮，于是他认为火线没电。请问，小张这种操作方法有什么弊端？

5. 氖泡发光式验电笔和数显感应式验电笔在检测电压时，最大的区别是什么？

6. 一根导线有电，但是使用一个完好的氖泡发光式验电笔测量时，氖泡却不亮，请分析这是什么原因？

7. 使用数显感应式验电笔测量导线时，显示的电压数值指什么电压？

8. 能否使用普通验电笔对高压线路进行验电？

9. 一个照明灯泡两端通电正常，但是不亮，使用验电笔对火线和零线检测时，两个导线均使验电笔氖管发光，请分析这个照明线路哪里出现了故障？

项目二　万用表的使用

　　万用表又叫多用表、三用表、复用表，是一种多电量、多量程、多功能的便携式电测仪表。万用表一般可以用来测量直流电流、直流电压、交流电流、交流电压、电阻和音频电平等电量。有的万用表还可以测量电容、电感、功率以及晶体管的某些参数等。

　　万用表有指针式和数字式两种。指针式表内一般有两块电池，一块是低电压的 1.5 V，一块是高电压的 9 V 或 15 V，其黑表笔相对红表笔来说是正端。数字表则常用一块 6 V 或 9 V 的电池。在电阻挡，指针式表的表笔输出电流相对数字式表来说要大很多，用 R×1 Ω 挡可以使扬声器发出响亮的"哒"声，用 R×10 kΩ 挡甚至可以点亮发光二极管（LED）。在电压挡，指针表内阻相对数字表来说比较小，测量精度相比较差。某些高电压微电流的场合甚至无法测准，因为其内阻会对被测电路造成影响（比如在测电视机显像管的加速级电压时测量值会比实际值低很多）。数字表电压挡的内阻很大，至少在兆欧级，对被测电路影响很小。但极高的输出阻抗使其易受感应电压的影响，在一些电磁干扰比较强的场合，测出的数据可能不准确。

　　总之，相比较而言，在大电流、高电压的模拟电路测量中，适用指针式万用表，如照明电路、动力电路等。在低电压、小电流的数字电路测量中，适用数字式万用表，如 BP 机、手机等。但也不是绝对的，应根据具体情况选用指针式表和数字式表。

一、指针式万用表

　　指针式万用表是一种应用广泛的模拟、便携式多量程万用表。指针式万用表也叫模拟式万用表，可以测量交直流电流、交直流电压、电阻等，具有 26 个基本量程和电平、电容、电感、晶体管直流参数等 7 个附加参考量程。

（一）指针式万用表的基本组成、工作原理

1. 指针式万用表的电路组成

　　指针式万用表主要由指示部分、测量电路和转换装置三部分组成。指示部分俗称表头，它是一只高灵敏度的磁电式直流电流表，万用表的主要性能指标基本上取决于表头的性能。表头的灵敏度是指表头指针满刻度偏转时流过表头的直流电流值，这个值越小，表头的灵敏度愈高。测电压时的内阻越大，其性能就越好。测量部分是把被测的电量转换为适合表头要求的微小直流电流，通常包括分流电路、分压电路和整流电路。转换装置也叫转动开关，其作用是选择各种不同的测量线路，以满足不同种类和不同量程的测量要求。转换开关有一个的，如 MF-47 型，将挡位和量程放在一起；也有两个的，如 500 型，分别标有不同的挡位和

量程。不同种类电量的测量及量程的选择是通过转换装置来实现的。内部电路图如图 2-1 所示。

指针式万用表型号众多，如 108 型、105 型、442 型、500 型、MF-8、MF-10、MF-12、MF-16、MF-18、MF-20、MF-22、MF-40 等。

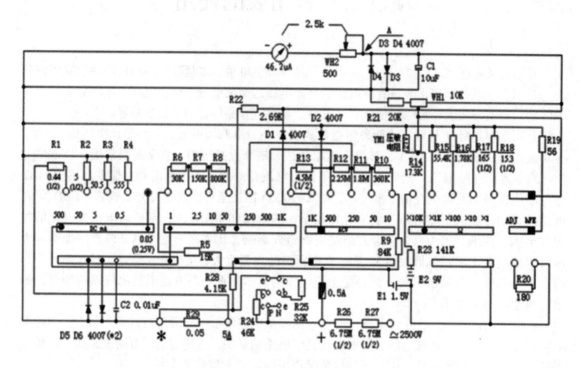

图 2-1　指针式万用表电路图

2. 指针式万用表的工作原理

指针式万用表的测量是由电压测量电路、电流测量电路、电阻测量电路和指示装置组成的，测量时依靠转换开关的切换来完成对应被测量的测量工作。各个测量电路的工作原理如图 2-2、图 2-3、图 2-4、图 2-5 所示。

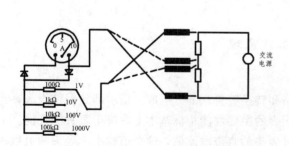

图 2-2　交流电压测量的工作电路

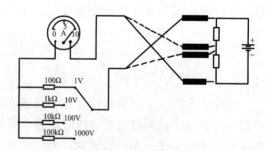

图 2-3　直流电压测量的工作电路

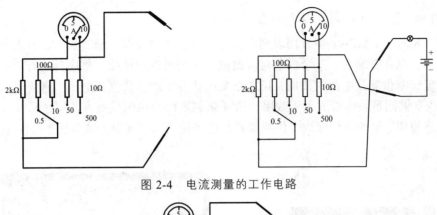

图 2-4 电流测量的工作电路

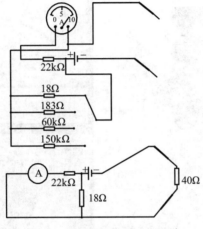

图 2-5 电阻测量的工作电路

3. 表盘符号含义

"∽"表示交流;"—"表示直流;"V"表示电压,4 000 Ω/V 表示其灵敏度为 4 000 Ω/V;A－V－Ω 表示可测量电流、电压及电阻;45－65－1000 Hz 表示使用频率范围为 1 000 Hz 以下,标准工频范围为 45～65 Hz;2 000 Ω/VDC 表示直流挡的灵敏度为 2 000 Ω/V;R 表示电阻挡位;A 表示电流;HEF 表示晶体管的电流放大倍数。

在指针式万用表型号中,经常使用的是 500 型和 MF-47 型两种类型。万用表的外形如图 2-6 和图 2-7 所示。

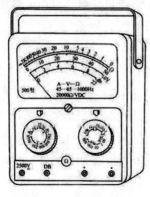

图 2-6 500 型万用表

图 2-7 MF-47 型万用表

4. MF-47 型万用表刻度盘与挡位盘介绍

如图 2-8 所示。MF-47 型万用表刻度盘与挡位盘印制成红、绿、黑三色。表盘颜色分别按交流红色、晶体管绿色、其余黑色对应制成，使用时读数便捷。刻度盘共有 6 条刻度线：第 1 条刻度线专供测量电阻时使用；第 2 条刻度线专供测量交直流电压、直流电流使用；第 3 条刻度线专供测量晶体管放大倍数用；第 4 条刻度线专供测量电容使用；第 5 条刻度线专供测量电感使用；第 6 条刻度线专供测量音频电平使用。刻度盘上装有反光镜,以达到消除视差的目的。

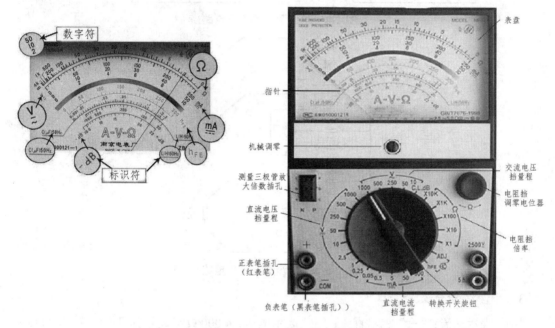

图 2-8　MF-47 型万用表表盘

除交直流 2 500 V 和直流 5 A 有单独插座之外，其余各挡的转换只需转动一个选择开关,使用方便。

使用前应检查指针是否指在机械零位上,如果不指在零位,可旋转表盖的调零器使指针指示在零位上。

将红黑测试笔分别插入"+"和"－"插座中，如测量交流 2 500 V 或直流 5 A 时，红插头则应分别插到标有"2 500 V"或"5 A"的插座中。

（二）指针式万用表的使用方法

1. 使用指针式万用表的注意事项

1）端钮（或插孔）选择要正确

红色表笔连接线要接到红色端钮上（或标有"+"号插孔内），黑色表笔的连接线应接到黑色端钮上（或接到标有"－"号插孔内），有的万用表备有交直流 2 500 V 的测量端钮，使用时黑色表笔仍接黑色端钮（或"－"的插孔内），而红色表笔接到 2500 V 的端钮上（或插孔内）。

2）转换开关位置的选择要正确

根据测量对象将转换开关转到需要的位置上。如测量电流应将转换开关转到相应的电流挡，测量电压转到相应的电压挡。有的万用表面板上有两个转换开关，一个选择测量种类，另一个选择测量量程（如 500 型）。使用时应先选择测量种类，然后选择测量量程。

3）量程选择要合适

根据被测量的大致范围，将转换开关转至该种类的适当量程上。测量电压或电流时，最好使指针在满量程的二分之一到三分之二的范围内，读数较为准确。

4）正确进行读数

在万用表的标度盘上有很多标度尺，它们分别适用于不同的被测对象。因此测量时，在对应的标度尺上读数的同时，也应注意标度尺读数和量程挡的配合，以避免差错。

5）欧姆挡的正确使用

（1）选择合适的倍率挡。

测量电阻时，倍率挡的选择应以使指针停留在刻度线较稀的部分为宜，指针越接近标度尺的中间，读数越准确，越向左，刻度线越挤，读数的准确度越差。

（2）欧姆调零。

测量电阻之前，将两只表笔短时短接，先机械调零，同时再转动"调零旋钮"，使指针刚好指在欧姆标度尺的零位上，这一步骤称为欧姆挡调零。每换一次欧姆挡，测量电阻之前都要重复这一步骤，从而保证测量准确性。如果指针不能调到零位，说明电池电压不足，需要更换。

（3）不能带电测量电阻。

测量电阻时，万用表是由仪表内部的干电池供电的，在使用欧姆挡间隙中，不能让两只表笔短接，以免浪费电池。测量电路中的电阻时，被测电阻一定不能带电，以免损坏表头。为保证正常测量，应先切断电路电源,如果电路中有电容，必须先行放电。

6）安全操作

（1）在使用万用表时要注意，手不可触及表笔的金属部分，以保证安全和测量的准确度。

（2）在测量较高电压或较大电流时，不能带电转动转换开关，否则有可能使开关烧坏。

（3）万用表用完后，最好将转换开关转到交流电压最高量程挡或"OFF"挡，这样对万用表最安全，以防下次测量时疏忽而损坏万用表。

（4）使用表笔接触被测线路前，应再作一次全面的检查，看一看各部分位置是否有误。

（5）万用表虽有双重保护装置,但使用时仍应遵守下列规程，避免意外损失。

（a）测量高电压或大电流时，为避免烧坏开关，必须在切断电源情况下，变换量程。

（b）测未知量的电压或电流时，应先选择最高挡位，待第一次读取数值后，方可逐渐转至适当位置，以取得较准读数并避免烧坏电路。

（c）偶然发生因过载而烧断保险丝时，可打开表盒换上相同型号的保险丝（0.5 A/250 V）。

（d）测量高压时，要站在干燥绝缘板上，并一手操作，防止意外事故。

（e）万用表的干电池应定期检查，更换，以保证测量精度。万用表使用完毕后，应将转换开关挡旋至交流电压的最大量程挡，或旋至"OFF"挡。

2. 指针式万用表基本电量的测量方法

1）直流电流测量

测量 0.05 ~ 500 mA 时，转动开关旋至所需电流挡，测量 5 A 时，转动开关可放在 500 mA 直流电流挡上，然后将表笔串接于被测电路中。

2）交直流电压测量

测量交流 10 ~ 1 000 V 或直流 0.25 ~ 1 000 V 时，转动开关旋至所需电压挡。测量交直流 2 500 V 时，转动开关应分别旋转至交流 1 000 V 或直流 1 000 V 位置上，而后将表笔跨接于被测电路两端。

注意：测量电压或电流时，先将两只表笔碰在一起，看指针是否在"零"位，不在"零"位时，应当先机械调零，保证测量的准确性。

3）直流电阻测量

将转动开关旋至所需测量的电阻挡，将两只表笔短接，调整零欧姆调整旋钮，使指针对准欧姆"0"位上(若不能指示欧姆"0"位，则说明电池电压不足，应更换电池)，选择合适的电阻倍率挡位，然后将表笔跨接于被测电路的两端进行测量。表头的读数乘以倍率，就是所测电阻的电阻值。

4）电位器的测量

（1）标称阻值的测量。

测量时，选用万用表电阻挡的适当量程，将两表笔分别接在电位器两个固定引脚焊片之间。先测量电位器的总阻值是否与标称阻值相同。若测得的阻值为无穷大或较标称阻值大，则说明该电位器已经开路或变值损坏。然后将两表笔分别接在电位器中心头与两个固定端中的任一端，慢慢转动电位器手柄，使其从一个极端位置旋至另一个极端位置。若电位器正常，万用表指针指示的电阻值应从标称阻值（或 0 Ω）连续变化至 0 Ω（或标称阻值）。整个旋转过程中，表针应平稳变化，而不应有任何跳动现象。若在调节电阻值的过程中，表针有跳动现象，则说明该电位器存在接触不良的故障。直滑式电位器的检测方法与此相同。如图 2-9 所示。

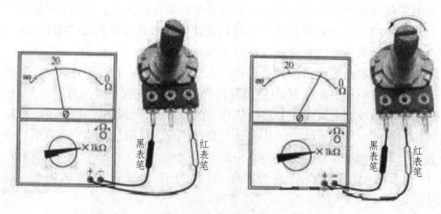

图 2-9　电位器的检测

（2）带开关电位器的检测。

对于带开关的电位器，除应按以上方法检测电位器的标称阻值以及接触情况外，还应检测开关是否正常。先检查电位器轴柄是否完好，用万用表 R×1 Ω挡，两表笔分别接在电位器开关的两个外接焊片上，旋转电位器轴柄，使开关接通，万用表指示的电阻值由无穷大变为 0 Ω。再关断开关，万用表指针应从 0 Ω返回到"∞"处。若开关在"开"的位置，阻值不为 0 Ω，或在"关"的位置，阻值不为"∞"，则说明该电位器的开关已经损坏。

　　5）电容器的简易测量

　　（1）固定电容器的检测方法。

　　利用万用表的欧姆挡，通过测量电容器两引脚之间的电阻，根据指针摆动的情况判断其质量。如图 2-10 所示，检测中可能出现的情况如表 2-1 所示。

　　（a）检测 0.01 μF 以下的小电容。选用万用表的 R×1 kΩ 挡，用两表笔分别任意接触电容的两引脚。正常情况下，阻值应为无穷大；若出现测量值很小或为零，则说明电容漏电或短路。

　　（b）检测 0.01 μF 以上的固定电容。用万用表的 R×10 kΩ 挡，测试电容器是否有充电过程和漏电情况，并估计电容器的容量。

　　先用两表笔分别任意接触电容器两个引脚。调换表笔再触碰电容器的两个引脚。如果电容器的性能良好，万用表指针会向右摆动一下，随即迅速向左回转，返回无穷大的位置。

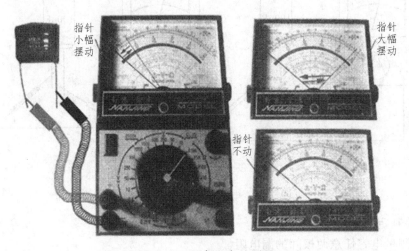

图 2-10　固定电容的测量

　　（2）电解电容器极性的判别

　　一般采用漏电阻大小来判别电解电容器的极性，具体方法为：

　　a）漏电阻测量

　　（a）针对不同容量电解电容选用合适的量程。一般情况下，1～47 μF 的电容可选用 R×1k；47～1 000 μF 之间的电容可选用 R×100 挡。

　　（b）将万用表红表笔接电容的负极，黑表笔接电容的正极。如图 2 11 所示。在刚接触的瞬间，万用表指针向右偏转较大幅度，然后逐渐向左回转，直到停在某一位置。此时的阻值就是电解电容的正向电阻。此值越大，说明漏电流越小，电容性能越好。

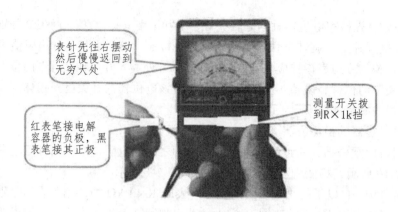

图 2-11 万用表测量电解电容

（c）将红、黑表笔对调，重复刚才测量过程。此时所测阻值为电解电容的反向漏电阻。在实际使用中，电解电容的正向漏电阻一般应在几百千欧以上，而且反向漏电阻略小于正向漏电阻。如图 2-12 所示。

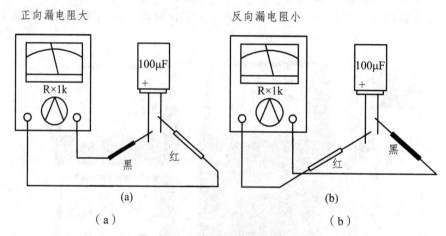

图 2-12 电解电容漏电阻的测量

b）极性判定

（a）先测量电容任意两极间的漏电阻。

（b）交换红、黑表笔，再测量一次电容的漏电阻。

（c）如果电容性能良好，在两次测量结果中，阻值大的一次便是正向接法。即红表笔接电解电容的负极，黑表笔接正极。

c）检测时注意事项

（a）检测时，应反复调换表笔接触电容器的两个引脚，以确认电容有无充放电现象。

（b）重复检测电容器时，每次应将被测电容短路一次。

（c）检测时，手指不要同时接触被测电容的两个引脚。否则。将使万用表指针回不到无穷大的位置，给检测者造成错觉，误认为被测电容漏电。

（d）在实际使用中，必须注意电解电容的极性，按极性要求正确连接到电路中去，否则，可能引起电容击穿或爆裂。

表 2-1 电容的检测

可选量程	不同量程	<1 μF	1～47 μF	>47 μF
	相应量程	R×10k	R×1k	R×100
检测	常见情况	检测现象		说明
	正常	指针先向右偏转,再缓慢向左回归		在同一电阻挡: 1. 指针向右偏转幅度越大,电容容量越大 2. 指针回转幅度越大,漏电流越小,电容性能越好 3. 电解电容的反向漏电阻略小于正向漏电阻
	容量太小或消失	表针不动		
	击穿短路	表针不回转		
	漏电现象	表针回转幅度小		

6)电感器的简易测量

用万用表的欧姆挡测量电感器的直流电阻值可判断电感器的短路或断路等情况。一般电感器的电阻值很小(零点几欧到几欧),对于匝数较多、线径较细的线圈,其电阻值为几百欧姆。若指针指示为 "0",说明线圈内部短路;若测出的电阻无穷大,则说明线圈存在断路。如图 2-13 所示。

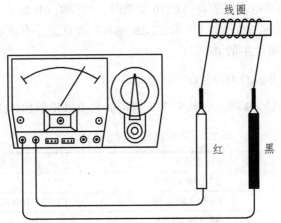

图 2-13 万用表测量电感器的直流电阻示意图

7)音频电平的测量

音频电平被用以测量放大级的增益和线路输送中的损耗,其单位以分贝(dB)表示。

音频电平与功率、电压的关系式是:

$$K = 10\log_{10}\frac{P_2}{P_1} = 20\log_{10}\frac{U_2}{U_1}(dB)$$

音频电平的刻度按 0 dB = 1 mW,600 Ω 输送线标准设计,即

$$U_1 = \sqrt{P_1 Z} = \sqrt{0.001 \times 600} = 0.775（V）$$

注解:应将万用表串联一个大于 0.1 μF,而且耐压值大于被测电压(如大于 400 V)的电容并在标准阻抗等于 600 Ω 的输送线两端进行测量。600 Ω 输送线两端的电压:0 dB =

1 mW=0.775 V。图 2-14 所示。

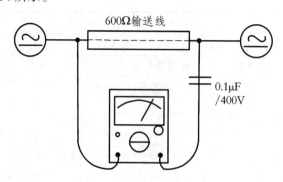

dB 档（音频电平）测量

图 2-14　万用表音频电平测量

dB 的定义为 $10 \times \log_{10}$（P/1 mW），P 为待测信号的功率。它除以 1 mW 所得的量（也就是用 mW 来计量），求以 10 为底的对数，然后乘以 10。

在电阻 0.775 V 的有效电压，经过表内部 600 Ω 的电阻时，测得的 dB 数为零。公式验证：$10 \times \log_{10}$（$1\,000 \times 0.775^2/600$）=0，这里乘以 1000 是除 1 mW 的结果。

在测量信号时，如果电表设置在 AC 10 V 挡时，所读的 dB 数×1，也就是读到 dB 数就是其测量结果。再看表头，满挡的 dB 为 22 dB 左右，而这正是有效电压 10 V（满挡交流电压）经过 600 Ω 内部电阻产生的 dB 数：

$$10 \times \log_{10}(1\,000 \times 10^2/600)=22.2 \text{ dB}$$

不同量程下，万用表 dB 挡（音频电平）测量的数值修正值如表 2-2 ~ 2-4 所示。

表 2-2　不同量程下的数值修正值 1

量程	满量程	按电平刻度增加值（dB）	
10	22.218 487 5	0	0
50	36.197 887 58	13.979 400 09	≈14
100	42.218 487 5	20	20
250	50.177 287 67	27.958 800 17	≈28
500	56.197 887 58	33.979 400 09	≈34
1000	62.218 487 5	40	40

表 2-3　不同量程下的数值修正值 2

量程	满量程	按电平刻度增加值（dB）	
3	11.760 912 59	0	0
12	23.802 112 42	12.041 199 83	12
30	31.760 912 59	20	20
120	43.802 112 42	32.041 199 83	32
300	51.760 912 59	40	40
1200	63.802 112 42	52.041 199 83	52

表 2-4　AC 10 V 挡电压对应刻度

电压	计算整刻度	电平值（dB）	
0.7745	−0.001 084 062	0	0
1.378	5.003 471 848	5.004 555 9	5
2.45	10.001 809 18	10.002 893 2	10
4.36	15.008 217 28	15.009 301 3	15
7.75	20.004 521 55	20.005 605 6	20
9.752	22.000 361 35	22.001 445 4	22

3. 指针式万用表测量电子元器件

1）二极管极性判别

（1）普通二极管的测试。

测试时选择 R×10 k 挡，利用二极管的单向导电性原理，黑表笔一端测得阻值小的一极为正极，另一极为负极。在电阻测量电路中，万用表红表笔为电池负极，黑表笔为电池正极。测试方法如图 2-15 所示。

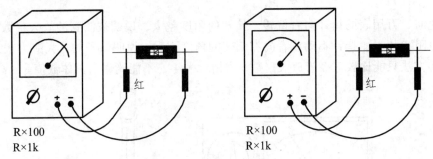

图 2-15　二极管极性判别

（2）稳压二极管、发光二极管的测试。

a）稳压二极管的判别

首先按普通二极管的检测方法判断出稳压二极管的正、负极。再将万用表的挡位开关置于 R×1k 挡测量二极管的反向电阻值，若此时的电阻变小，说明该二极管是稳压二极管。

b）发光二极管的测试

发光二极管的正负极可以通过管脚的长短来判断，管脚长的是正极，管脚短的是负极，也可按照测试普通二极管的方法进行测试，一般正向电阻为 15 kΩ左右，反向电阻为无穷大。

2）三极管的识别和简易检测方法

（1）用万用表判断 PNP 还是 NPN 三极管。

检测示意图如图 2-16 所示。万用表置于 Ω×1 k 挡。

（a）用万用表的第一根表笔依次接三极管的一个引脚，而第二根表笔分别接另两个引脚，以测量三极管 3 个电极中每两个极之间的正、反向电阻值。

（b）当第一根表笔接某电极，而第二根表笔先后接触另外两电极均测得较小电阻值时，则第一根表笔所接的那个电极极为基极 b。这时，如果红表笔接基极 b，则可判定三极管为

PNP 型；如果黑表笔接基极 b，则可判定三极管为 NPN 型。

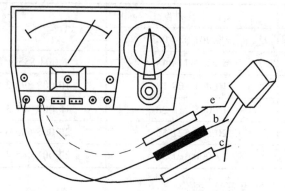

图 2-16　判定三极管类型

（2）三极管的好坏检测。

在实际检测中，常常通过检测三极管放大能力的方法来简易判断其性能的好坏。检测电路如图 2-17 所示。万用表置于 Ω×1 k 挡。

（a）先用万用表的红、黑表笔按图 2-17 所示的电路连接相应引脚，然后将电阻 R 接入电路。

（b）此时，万用表的指针向右偏转，偏转的角度越大，说明被测管的放大倍数 β 越大。如果接上电阻 R 以后，指针不动或者向右偏转的角度不大，说明管子的放大能力很差或者已损坏。此类方法只能比较三极管放大倍数 β 的相对大小，不能测量出具体数值。

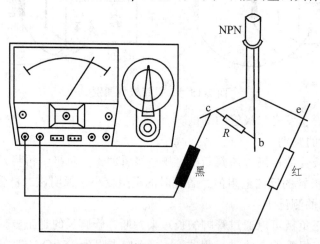

图 2-17　估测三极管放大能力

（3）晶体管直流放大倍数 hFE 的测量。

先转动挡位开关旋至晶体管调节 ADJ 位置上，将红黑表笔短接，调节欧姆电位器，使指针对准 300 hFE 刻度线上，然后转动开关到 hFE 位置，将要测的晶体管脚分别插入晶体管测试座的 EBC 管座内，指针偏转所示数值约为晶体管的直流放大倍数值。N 型晶体管应插入 N 型管孔内，P 型晶体管应插入 P 型管孔内。

（4）三极管管脚极性的辨别(将万用表置于 Ω×1 k 挡)。

（a）判定基极 B。

由于 B 到 C、B 至 E 分别是二个 PN 结，它的反向电阻很大，而正向电阻很小。测试时可任意取晶体管一脚假定为基极，将红表笔接"基极"，黑表笔分别去接触另二个管脚，如此时测得都是低阻值，则红表笔所接触的管脚即为基极 B，并且是 P 型管（如用上法测得均为高阻值，则为 N 型管）。如测量时二个管脚的阻值差异很大，可另选一个管脚为假定基极，直至满足上述条件为止。

（b）判定集电极 C。

对于 PNP 型三极管，当集电极接负电压，发射极接正电压时，电流放大倍数才比较大，而 NPN 型管则相反。测试时假定红表笔接集电极 C，黑表笔接发射极 E，记下其阻值，而后红黑表笔交换测试，将测得的阻值与第一次阻值相比，阻值小的红表笔接的是集电极 C，黑表笔接的是发射极 E，而且可判定是 PNP 型管(N 型管则相反)。如图 2-18 和图 2-19 所示。

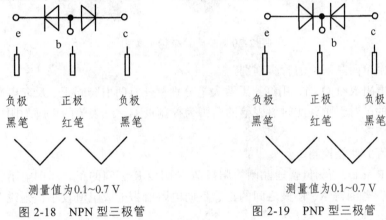

图 2-18　NPN 型三极管　　　　　　图 2-19　PNP 型三极管

注意：以上介绍的测试方法，一般采用 R×100，R×1 k 挡。如果用 R×10 k 挡，则会因该挡采用 15 V 的较高电压供电，可能将被测三极管的 PN 结击穿；若用 R×1 挡测量，因会因电流过大（约 90 mA），可能损坏被测三极管。

3）晶闸管的测试

晶闸管是一种开关元件，能在高电压、大电流条件下工作，并且其工作过程可以控制，所以被广泛应用于可控整流、交流调压、无触点电子开关、逆变及变频等电子电路中，是典型的小电流控制大电流的设备。晶闸管导通条件为：加正向电压且门极有触发电流。其派生器件有：快速晶闸管、双向晶闸管、逆导晶闸管、光控晶闸管等。它是一种大功率开关型半导体器件，在电路中用文字符号为"V""VT"表示（旧标准中用字母"SCR"表示）。

晶闸管是由一个 P-N-P-N 四层半导体构成的，中间形成了三个 PN 结。晶闸管有阳极 A、阴极 K、控制极 G 三个引出脚。如图 2-20 所示。

只有当晶闸管阳极 A 与阴极 K 之间加有正向电压，同时控制极 G 与阴极间加上所需的正向触发电压时，方可被触发导通。此时 A、K 间呈低阻导通状态，阳极 A 与阴极 K 间压降约 1 V。晶闸管导通后，控制器 G 即使失去触发电压，只要阳极 A 和阴极 K 之间仍保持正向电压，晶闸管继续处于低阻导通状态。只有把阳极 A 电压拆除或阳极 A、阴极 K 间电压极性发生改变（交流过零）时，晶闸管才由低阻导通状态转换为高阻截止状态。晶闸管一旦截止，即使阳极 A 和阴极 K 间又重新加上正向电压，仍需在控制极 G 和阴极 K 间重新加上正向触发电压方可导通。晶闸管的导通与截止状态相当于开关的闭合与断开状态，用它可制成无触点开关。

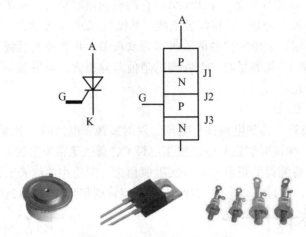

图 2-20   晶闸管结构及实物

（1）小功率单向晶闸管的管脚判别。

万用表选电阻 R×1 Ω 挡，用红、黑两表笔分别测任意两引脚间正、反向电阻直至找出读数为数十欧姆的一对引脚，此时黑表笔的引脚为控制极 G，红表笔的引脚为阴极 K，另一空脚为阳极 A。

（2）晶闸管的性能检测。

用万用表 R×1 kΩ 挡测量普通晶闸管阳极 A 与阴极 K 之间的正、反向电阻，正常时均应为无穷大（∞）。若测得 A、K 极之间的正、反向电阻值为零或阻值较小，则说明晶闸管内部击穿短路或漏电。

（3）触发能力测试。

小功率晶闸管（工作电流 5 A 以下），可用万用表 R×1 Ω 挡测量。测量时黑表笔接阳极 A，红表笔接阴极 K，此时表针不动，显示无穷大（∞））。用导线将阳极 A 和门极 G 短路，此时若电阻值为几欧姆至几十欧姆（阻值根据晶闸管的型号不同会有所改变），则表明晶闸管因正向触发而导通。再断开 A 极与 G 极的连接（A、K 极上的表笔不动，只将 G 极的触发电压断掉），若表针指示值仍保持在几欧姆至几十欧姆的位置不动，则说明该晶闸管的触发性能良好。

4）门极关断晶闸管的测试

（1）判断电极。

门极关断晶闸管三个电极的判别方法与普通晶闸管相同，即用万用表的 R×100 Ω 挡，找出具有二极管特性的两个电极，其中一次为低电阻值（几百欧姆），另一次阻值较大。在阻值小的那一次测量中，红表笔接的是阴极 K，黑表笔接的是门极 G，剩下的一只引脚为阳极 A。

（2）触发性能和关断能力的测试。

门极关断晶闸管触发能力的检测方法与普通晶闸管相同。检测门极关断晶闸管的关断能力时用万用表 R×1 Ω 挡，黑表笔接阳极 A，红表笔接阴极 K，测得电阻值为无穷大。再将 A 极与门极 G 短路，给 G 极施加上正向触发信号时，晶闸管被导通，其 A、K 极间电阻值由无穷大变为低阻状态。断开 A 极与 G 极的短路点后，晶闸管维持低阻导通状态，说明其触发能力正常。再在晶闸管的门极 G 与阳极 A 加上反向触发信号，若此时 A 极与 K 极间电阻值由低阻值变为无穷大，则说明该晶闸管的关断能力正常。

5）双向晶闸管的测量（以最常见的小功率双向晶闸管为例）

双向晶闸管（TRIAC）旧称双向可控硅，是一种用途极为广泛的三端双向交流开关器件，其电气符号和实物如图 2-21 所示。G 称作控制极，T1 和 T2 称作主电极。它的内部结构相当于两只反向并联的单向晶闸管，而控制极是公用的，主电极 T1 是测量控制极 G 和主电极 T2 上电压、电流的基本参考点。双向晶闸管共有四种触发方式，其中灵敏度最好的是 I+和Ⅲ-触发方式，I-触发方式性能一般，最差的是Ⅲ+触发方式。在实际应用时，规定采用 I+、I-、Ⅲ-三种方式，且以 I+和Ⅲ-两种方式用得最广。触发形式如表 2-2 所示。

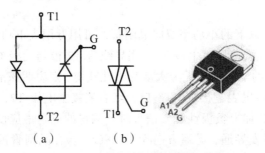

图 2-21　双向晶闸管结构及实物

表 2-5　双向晶闸管的触发方式

触发方式	I+	I-	Ⅲ+	Ⅲ-
T1 电压极性	−	−	+	+
T2 电压极性	+	+	−	−
G 电压极性	+	−	+	

（1）判别双向晶闸管的电极。

用万用表 R×1 Ω 或 R×10 Ω 挡分别测量双向晶闸管三个引脚间的正、反向电阻值，若测得某一管脚与其他两管脚均不通，则此管脚就是主电极 T2。找出 T2 极之后，剩下的两脚便是主电极 T1 和门极 G。测量这两脚之间的正、反向电阻值，会测得两个均较小的电阻值。在电阻值较小（几十欧姆）的一次测量中，黑表笔接的是主电极 T1，红表笔接的是门极 G。螺栓型双向晶闸管的螺栓一端为主电极 T2，较细的引线端为门极 G，较粗的引线端为主电极 T1。金属封装（TO-3）双向晶闸管的外壳为主电极 T2。塑封（TO-220）双向晶闸管的中间引脚为主电极 T2，该极通常与自带小散热片相连。如图 2-22 所示。

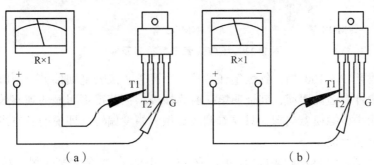

图 2-22　双向晶闸管的电极测量

（2）判别双向晶闸管的好坏。

用万用表 R×1 Ω 或 R×10 Ω 挡测量双向晶闸管的主电极 T1 与主电极 T2 之间，主电 T2 极与门极 G 之间的正、反向电阻，正常时正反向电阻应接近无穷大。若测得电阻值均很小，则说明该晶闸管电极间已经击穿或漏电短路。测量主电极 T1 与门极 G 之间的正、反向电阻，正常时均应在几十欧姆至一百欧姆之间（黑表笔接 T1 极，红表笔接 G 极，测得的正向电阻值较反向电阻值略小一些）。若测得 T1 极与 G 极之间的正、反向电阻值均为无穷大，则说明该晶闸管已经开路损坏。

（3）触发能力检测。

对于工作电流为 8 A 以下的小功率双向晶闸管，可用万用表 R×1 Ω挡直接测量。测量时将黑表笔接主电极 T2，红表笔接主电极 T1，用导线将 T2 极与门极 G 短路，给 G 加上正极性触发信号，若此时测得的电阻值由无穷大变为十几欧姆，则说明该晶闸管已经被触发导通，导通方向为 T2→T1。再将黑表笔接主电极 T1，红表笔接主电极 T2，用导线将电极 T2 与门极 G 之间短接，给门极 G 加上负极性触发信号时，测得的电阻值应由无穷大变为十几欧姆，则说明该晶闸管已经被触发导通，导通方向为 T1→T2。若在晶闸管被触发导通后断开 G 极，T2、T1 极间不能维持低阻导通状态阻值变为无穷大，则说明该双向晶闸管性能不良或者已经损坏。若给 G 极加上正（或负）极性触发信号后，晶闸管仍不导通（T1 与 T2 之间的正、反向电阻值仍为无穷大），则说明该双向晶闸管已经损坏，无触发导通能力。

5）定性判断场效应管

（1）定性判断 MOS 型场效应管的管脚和性能好坏。

场效应管（FET）是利用控制输入回路的电场效应来控制输出回路电流的一种半导体器件。由于它仅靠半导体中的多数载流子导电，又称单极型晶体管。场效应管有 P 型的 MOSFE（简称 PMOS）T 和 N 型的 MOSFET（简称 NMOS）。如图 2-23 所示。

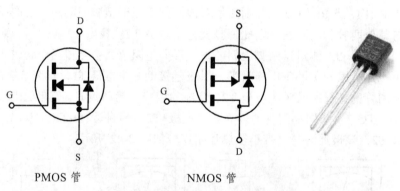

PMOS 管　　　　　　　NMOS 管

图 2-23　场效应管电气符号及实物

将万用表拨至 R×100 挡，红表笔任意接一个脚管，黑表笔则接另一个脚管，使第三脚悬空。若发现表针有轻微摆动，就证明第三脚为栅极。欲获得更明显的观察效果，还可利用人体靠近或者用手指触摸悬空脚，只要看到表针做大幅度偏转，即说明悬空脚是栅极，其余二脚分别是源极和漏极。

再用万用表 R×10 kΩ挡（内置有 9 V 或 15 V 电池），把负表笔（黑）接栅极（G），正表笔（红）接源极（S）。给栅、源极之间充电，此时万用表指针有轻微偏转。再改用万用表

R×1Ω挡，将负表笔接漏极（D），正笔接源极（S），万用表指示值若为几欧姆，则说明场效应管是好的。

（2）定性判断结型场效应管的性能

将指针式万用表拨至"R×1k"挡，并欧姆调零。场效应管带字的一面朝着自己，从左到右依次为：G（栅极）、D（漏极）、S（源极）。先将黑表笔接在G极上，然后红表笔分别触碰D极和S极，然后对换表笔再次测试，如果这两次测试万用表的指针都不动，那么，初步判断这个场效应管是好的。最后，将黑表笔接在D极，红表笔接在S极上，此时，万用表指针应不动；然后对换表笔再次测试，此时，万用表指针应向右摆动。经过这两次测试，可判断这个场效应管是好的。如果所测结果与上面的描述不符，则这个场效应管就是坏的。要么是击穿了，要么是性能不好。

（3）判定场效应管性能时的注意事项。

实验表明，当两手与D、S极绝缘，只摸栅极时，表针一般向左偏转。但是，如果两手分别接触D、S极，并且用手指摸住栅极时，有可能观察到表针向右偏转的情形。其原因是人体几个部位的电阻对场效应管起到偏置作用，使之进入饱和区。

6）集成运算放大器的测试

一般测试集成运算放大器时需要使用专用仪器。万用表可以粗测，以LM324的检测为例。表 2-3 中 U_{CC}、GND　分别为正电源端和地端。IN+为同相输入端，IN-为反向输入端，OUT为输出端。用指针式万用表的 R×1 kΩ挡分别测量各引脚间的电阻，典型数据如表 2-6 所示。

表 2-6　测量 LM324 电阻值的典型数据

黑表笔位置	红表笔位置	正常电阻值/kΩ	不正常电阻值
U_{CC+}	GND	16 ~ 17	0 或 ∞
GND	U_{CC+}	5 ~ 6	0 或 ∞
U_{CC+}	IN_+	50	0 或 ∞
U_{CC+}	IN-	55	0 或 ∞
OUT	U_{CC+}	20	0 或 ∞
OUT	GND	60 ~ 65	0 或 ∞

测试时应注意事项：

（1）若用不同型号万用表的 R×1 kΩ测量，电阻值会略有差异。但若电阻值为零，则说明 LM324 内部有短路故障；若读数为无穷大，则说明内部有开路损坏。

（2）对于 LM324 的 4 个运算放大器应分别检查，各对引脚间的电阻值应基本相等，否则说明参数的一致性差。

二、数字式万用表的使用与注意事项

目前，数字式测量仪表已成为主流，有取代模拟式仪表的趋势。与模拟式仪表相比，数字式仪表灵敏度高，准确度高，显示清晰，过载能力强，便于携带，使用更简单。数字式万用表在结构上增设了电源开关、蜂鸣器，有的还具有电容器容量的测量功能(见图 2-24)。数字式万用表测量电阻、电压、电流时的方法和指针式万用表的使用方法都相同。

图 2-24　数字式万用表

（一）DMM 数字式万用表表盘

数字式万用表的型号不同，表盘标记内容会有差异，仪表的测量功能也有所区别。如图 2-25、图 2-26 所示。

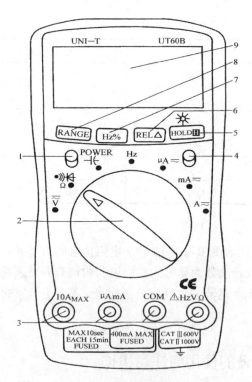

图 2-25　UT60B 型 DMM 面板示意图

1—自锁型电源开关；2—功能开关；3—测量输入插孔；4—合功能挡功能选键；5—显示保持/背光控制键；
6—相对值显示键；7—频率/占空比显示转换键；8—自动/手动量程切换键；9—LCD 显示器

开关位置	功能说明
V $=\!=$	直流电压测量
V $\sim$	交流电压测量
$\pm$	电容测量
Ω	电阻测量
$\rightarrow$	二极管测量
Π	电路通断测量
Hz	频率测量
A $=\!=$	直流电流测量
A $\sim$	交流电流测量
℃	温度测量（仅适用于UT58B、C）
hFE	二极管放大倍数测量
POWER	电源开关
HOLD	数据保持开关

图 2-26　UT30B 型 DMM 面板示意图和功能说明

（二）UT30B 型数字式万用表的使用

1. 一般电参量的测量方法

准备工作如下：

（1）使用前，应认真阅读有关的使用说明书，熟悉电源开关、量程开关、插孔、特殊插口的作用。

（2）将电源开关置于 ON 位置。

（a）交直流电压的测量：根据需要将量程开关拨至 DCV（直流挡）或 ACV（交流挡）的合适量程，红表笔插入 V/Ω孔，黑表笔插入 COM 孔，并将表笔与被测线路并联，即可显示读数。

（b）交直流电流的测量：将量程开关拨至 DCA（直流挡）或 ACA（交流挡）的合适量程，红表笔插入 mA 孔（<200 mA 时）或 10 A 孔（>200 mA 时），黑表笔插入 COM 孔，并将万用表串联在被测电路中即可。测量直流量时，数字万用表能自动显示极性。

（c）电阻的测量：将量程开关拨至 Ω 挡的合适量程，红表笔插入 V/Ω孔，黑表笔插入 COM 孔。如果被测电阻值超出所选择量程的最大值，万用表将显示"1"，这时应选择更高的量程。测量电阻时，红表笔为正极，黑表笔为负极，这与指针式万用表正好相反。因此，测量晶体管、电解电容器等有极性的元器件时，必须注意表笔的极性。

（d）测量电容器时，一定要先将被测电容器两引线短路以充分放电，否则会损坏仪表。每改变一次电容测量量程，都要用"零位调整钮"重新调零，但较好的数字式万用表会自动调零。若使用的数字式万用表无测量电容量的挡位或该挡位损坏，可以用测量电阻阻值的挡位粗略检验电容器的好坏。用红表笔接电容器正极，黑表笔接电容器的负极，万用表的基准电源将通过基准电阻对电容器充电，正常时万用表显示的充电电压将从低开始逐渐升高，直至显示溢出。如果充电开始即显示溢出"1"，说明电容器开路；如果始终显示为固定阻值或"000"，说明电容器漏电或短路。

（e）使用"二极管、蜂鸣器"挡测量二极管时，数字式万用表显示的是所测二极管的压降（mV）。正常情况下，正向测量时压降显示为"400~700"，反向测量时为溢出"1"。若正、反向测量均显示"000"，说明二极管短路；正向测量显示溢出"1"，说明二极管开路。

测量时注意：

（1）当万用表出现显示不准或显示值跃变等异常情况时，可先检查表内9 V电池是否失效，若电池良好，则说明表内电路有故障。

（2）当误用交流电压挡去测量直流电压，或者误用直流电压挡去测量交流电压时，显示屏将显示"000"，或低位上的数字出现跳动。

2. 三极管的检测

（1）先判断基极b和管型。

如图2-27所示，首先将数字万用表打到蜂鸣二极管挡，同时要注意数字万用表的红表笔始终是电源正极。

将红色表笔固定接三极管某个脚上，黑色表笔依次接触另外两个脚，如果两次万用表显示的值为"0.7 V"左右或显示溢出符号"1"。则红表笔所接的脚是基极。若一次显示"0.7 V"左右，另一次显示溢出符号"1"，则红表笔接的不是基极，此时应更换其他脚重复测量，直到判断出"b"极为止。

同时可知：两次测量显示的结果为"0.7 V"左右的管子是NPN型，两次测量显示的是溢出符号"1"的管子是PNP型。

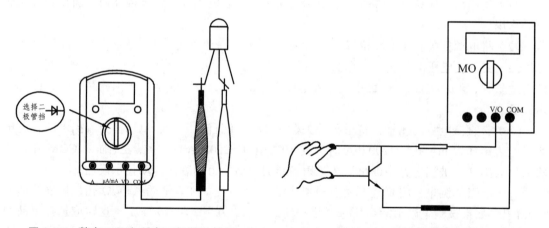

图2-27 数字万用表判定三极管的基极   图2-28 判定三极管的极性

（2）再判断基极c和e极。

以NPN型管为例。如图2-28所示。将万用表打到"MΩ"挡，把红表笔接到假设的集电极c上，黑表笔接到假设的发射极e上，并且用手握住b极和c极（b极和c极不能直接接触），通过人体，相当于在b、c之间接入偏置电阻。读出万用表所示c、e间的电阻值，然后将红、黑表笔反接重测。若第一次电阻比第二次电阻小(第二次阻值接近于无穷大)，说明原假设成立，即红表笔所接的是集电极c，黑表笔接的是发射极e。判断结果如图2-29所示。

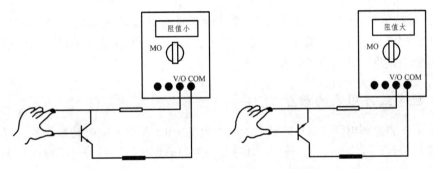

图 2-29　判定三极管集电极与发射极的结果

（3）c 和 e 极的另外一种判断方法。

还可以用数字万用表测三极管"hFE"挡进行测量。先判断出三极管是 NPN 型还是 PNP 型，再将三极管插入相应的 hFE 孔，若测得的 hFE 为几十至几百，则说明管子是正常的且有放大能力，三极管的电极与相应插孔相同。如果测得的 hFE 在几到十几之间，则表明 c、e 极插反了。可以反复对调 c、e 极，多测几次 hFE 值，以最大的计数来确定 c、e 极。如图 2-29 所示。

3. 整流桥堆的质量检测

按照图 2-30 所示连接电路。AB 之间加交流电压。用数字式万用表的二极管挡测 A、B 之间的正、反向电压时，仪表均显示溢出，而测 D—C 时显示大约 1 V，证明桥堆内部无短路现象。如果有一只二极管已经击穿短路，则测 A—B 的正、反向电压时，必定有一次显示为 0.5 V 左右。

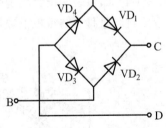

图 2-30　整流桥堆质量测试

4. 双向晶闸管触发性能测试

红表笔接 T2，黑表笔接 T1，此时应显示溢出（关断状态）。把红表笔滑向 G，并且使 T2 与 G 这两极接通，此时管子将进入导通状态，应显示比 U_{gt1}（晶闸管的门极触发电压）略低的数值。接着，在红表笔不断开 T2 的前提下而脱离 G，对于触发灵敏度高、维持电流小的管子来说，此时管子仍然维持导通状态，显示值比触发导通时的略大，但低于 U_{gt1}。

再用红表笔接触 T1、黑表笔接触 T2，此时应显示溢出。在黑表笔短接 T2、G 两极时，管子将导通，显示值比 U_{gt1} 略低。与上个方向相同，当黑表笔脱离 G 后，那些触发灵敏度高、维持电流小的管子将仍然保持导通状态。

【示例】　实测一只 TO-220 封装的双向晶闸管 BCR3AM（3 A/600 V）的管脚与性能。

测量步骤：

（1）首先判别电极：红、黑表笔在管子任意两电极间测量，当测得为 0.578 V 即 U_{gt1} 时，便确定未与表笔相接的一极为 T2。该管子本身带有一块小型散热片，通常它与 T2 极相连，此特征也可作为判别 T2 的依据。作为验证，测得 T2 与散热片间为 0 V，故 T2 判别正确。又将红表笔接 T2，黑表笔任接其余两极之一，此时显示溢出。在红表笔短接 T2 和悬空的电极时显示 0.546 V，该电压小于 U_{gt1}（0.578 V），故黑表笔所接为 T1，另一极则为 G。

（2）触发性能判别：红表笔接 T2、黑表笔接 T1，显示溢出（管子关断）。使红表笔短接

T2 与 G，此时显示 0.546 V（管子导通），当红表笔脱离 G 极时显示 0.558 V，显然，该值大于导通电压，而又小于 U_{gt1}，管子处于维持导通状态。在检测相反方向的触发性能时，所得结果与上述极为接近，证明管子性能良好。

（三）数字式万用表的维护

（1）禁止在测量高电压（220 V 以上）或大电流（0.5 A 以上）时转换量程，以防止产生电弧，烧毁开关触点。当显示"——""BATT"或"LOW BAT"符号、字母时，表示电池电压低于正常工作电压，应当更换电池。

（2）长时间不使用仪表时，取出内附电池，防止电池漏电和内部机件腐蚀。

【实训与思考】

分别使用一块指针式万用表和数字式万用表，完成下列任务：

（1）测量实训室三孔插座、四孔插座的电压是多少？测量三相五线制供电系统中任意两相的电压是多少？相线与零线之间的电压是多少？地线与零线之间的电压是多少？

（2）指针式万用表转换开关的使用和读数实训练习。选用 MF50 型万用表一块，小螺丝刀（一字、十字）各一把。

（a）如果表头指针稳定的指示在图 2-31 中的位置 a，请根据表 2-7 中转换开关选定的测量项目和量程，将读取的数据（应带单位）填入表中。

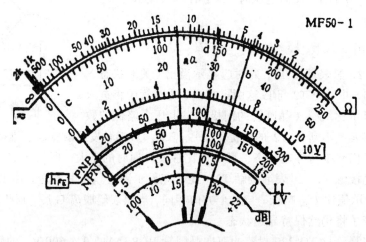

图 2-31 万用表标度尺读数和转换开关使用练习示意图

表 2-7 万用表标度尺读法和转换开关使用练习一

测量项目和量程	R×1	1 kV	R×100	100 μA
读取数据				
测量项目和量程	∿10 V	∿250 V	R×100	2.5 V
读取数据				

（b）若表头指针在图 2-31 中位置 b，在表 2-8 中记录了已读取的数值。转换开关应该旋置哪个测量项目和量程？将选择结果填表 2-8 中。

表 2-8 万用表标度尺读法和转换开关使用练习二

读取数据	7.15 V	1.76 mA	35.1 V	4.22 Ω
转换开关的选择				
读取数据	42 kΩ	70.2 μA	∽720 V	− 1.76 V
转换开关的选择				

（c）若表头指针在图 2-31 中位置 c，根据表 2-9 中转换开关选定的测量项目和量程，将读取的数值填入该表中。如果量程的选择是不合适的，请找出其中的原因。

表 2-9 万用表标度尺读法和转换开关使用练习三

测量项目和量程	∽250 V	25 mA	50 V	R×10
读取数据				
应选何种量程				

（d）表头指针在图 2-31 中位置 d。如果被测电量是电阻，当转换开关分别置于不同的倍率挡时，将读取的数据填入表 2-10 中。

表 2-10 万用表标度尺读法和转换开关使用练习四

项目倍率数据	R×1	R×10	R×100	R×10k
电阻值				
LI				
LV				

（3）选取一根长 0.5 m 的 BV2.5 m² 导线，分别使用一只模拟式万用表和一只数字式万用表测量这根导线的电阻，记录下测量结果，并作比较。

（4）对一个 1N40007 二极管进行正负极检测。对一个 "50μF/400 V" 电容器进行性能检测。

（5）在实训室首先选取若干个电阻（300 kΩ、10 kΩ、51 kΩ、470 Ω、10 Ω），按图 2-32 所示连成串路，并将图中各个电阻的测量值和各点间电阻的测量值和计算数据分别记录在表 2-11、表 2-12 中（注意带上单位）。

（6）使用实训室的电工工具和直流稳压电源，依照给定的工作原理图（见图 2-33），将图中所标的电阻元件连接成电路。调节稳压电源，选择一至三种输出电压接入电路，使用 1 块数字万用表测量相关电阻的电压和电流，将测量数据填入表 2-13 中。

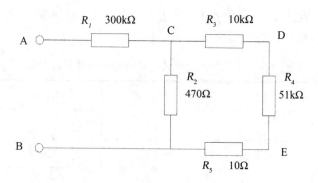

图 2-32 电阻的测量电路

表 2-11 电阻的测量

测量内容	R_1	R_2	R_3	R_4	R_5
电阻标称值					
万用表量程					
测量数据					

表 2-12 电阻的测量

测量内容	R_{AB}	R_{AC}	R_{CD}	R_{DE}	R_{EB}	R_{CB}	R_{CE}	R_{DB}	R_{AD}	R_{AE}
计算数据										
万用表量程										
测量数据										

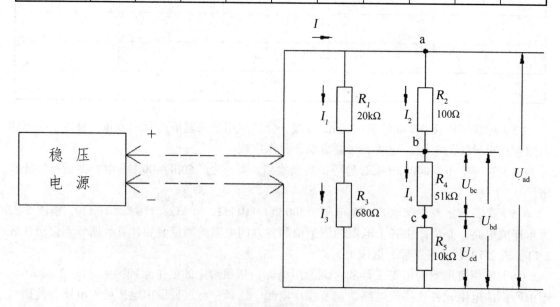

图 2-33 直流电压、直流电流的测量电路

表 2-13 直流电压、直流电流测量记录

测量项目		元件参数：R_1=20 kΩ R_2=100 Ω R_3=680 Ω R_4=51 kΩ R_s=10 kΩ				
直流电压 /V	测量对象	U_{ad}	U_{ab}	U_{bd}	U_{bc}	U_{cd}
	计算数据					
	万用表量程					
	测量数据					
直流电流 /mA	测量对象	I	I_1	I_2	I_3	I_4
	计算数据					
	万用表量程					
	测量数据					

（7）用指针式万用表判断 1 个 NPN 型三极管和 1 个 PNP 型三极管的引脚。再使用数字式万用表重新判定一次，比较两块仪表在使用时，有什么不同？

（8）用万用表分别判定 CJ40 交流接触器和 JR40 热继电器的常开触点和常闭触点，分别指出每个元件的主触点和辅助触点，有多少对常开触点和多少对常闭触点？

（9）用万用表判定 RTO 型熔断管的质量。

（10）使用指针式万用表如何测量三相五线制电源中的零线和地线，并说明判定依据。

项目三　欧姆表的使用

欧姆表是直接测量电阻值的仪表。测量范围是从 0 Ω 到 ∞ Ω。它是根据闭合电路的欧姆定律原理制成的，如图 3-1 所示。欧姆表也可以用于检查线路的连线。

图 3-1

一、欧姆表结构及工作原理

欧姆表内部是由一个电源，一个电流表，一个滑动变阻器和两个红黑表笔组成。其工作原理如下：调节滑动变阻器，使电流表指针指在满刻度 I_0 处；之后保持滑动变阻器滑片位置不变，在两表笔之间接入待测电阻 R，若此时电流表示数为 I_x，推导出 $R=U(I_0-I_x)/I_x I_0$。如图 3-2 所示。

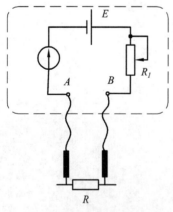

图 3-2　欧姆表工作原理

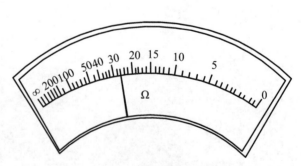

图 3-3　欧姆表的刻度盘

二、欧姆表的刻度盘特点

（1）电流表和电压表刻度越向右数值越大，欧姆表则相反，这是因为 R_x 越小 I 越大造成

- 44 -

的。当 $R_x=\infty$ 时，$I=0$，则在最左端；当 $R_x=0$ 时（两表笔短接）I 为 I_g，电流表满刻度处电阻为 "0" 在最右端。如图 3-3 所示。

（2）电流表和电压表刻度均匀，欧姆表刻度很不均匀。越向左越密. 这是因为在零点调正后，E、R、R_x 都是恒定的，I 随 R_x 而变。但不是简单的线性比例关系，所以表盘刻度不均匀。

（3）电流表和电压表的刻度都是从 "0" 到某一确定值，因此，每个表都有确定的量程。而欧姆表的刻度总是从 $0 \rightarrow \infty$ Ω。为了使欧姆表各挡共用一个标尺，一般都以 R×1 中值电阻为标准，成 10 倍扩大。例如，R×1 挡中值电阻为 10 Ω，R×10 挡为 100 Ω，R×100 挡为 1000 Ω等，依次类推，扩大欧姆表的量程就是扩大欧姆表的总内阻，实际是通过欧姆表的另一附加电路来实现，如图 3-4 所示。

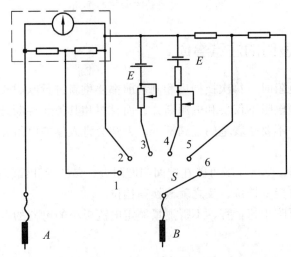

图 3-4　欧姆表内部电路

（4）电流表和电压表在使用时都需要电路连接（串联或并联）来测量，但欧姆表可不用连接电路而是直接测量电阻来读取数值。前者是间接测量，后者是直接测量。

三、欧姆表的操作步骤

（1）选挡：把选择开关旋到欧姆挡上，并根据电阻的估测大小，选择开关的量程。

（2）调零：把两支表笔相接触，调整欧姆挡的调整旋钮，使指针指在电阻刻度的零位上。（注意电阻挡的零位在刻度的右端。）

（3）测量（读数）：两支表笔分别与待测电阻的两端相接，进行测量，指针示数乘以倍率数，即为待测电阻的阻值。如图 3-5 所示。

（4）测量完毕，将两表笔从插孔中拔出，并将选择开关置于 "OFF" 挡或交流电压最高挡。如果欧姆表长期不使用，应该取出表内的电池，以防电池漏电。

（5）欧姆表使用时间较长后，表内电池的电动势 E、内阻 r 的数值会改变，容易造成测量误差变大，电阻的测量不够准确。要想比较准确地测量电阻，应该使用伏安法进行测量。

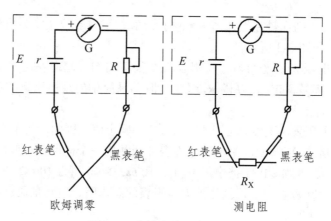

图 3-5 欧姆表的调零与测量

四、使用欧姆表时的注意事项

（1）用欧姆表测电阻时，每次换挡后和测量前都要重新进行欧姆表调零。

（2）测电阻时待测电阻不仅要和电源断开，而且要和其他元件断开。

（3）测量时注意手不要碰表笔的金属部分，否则会将人体的电阻并联进去，影响测量结果。

（4）合理选择量程，使指针尽可能在中间刻度附近，参考指针偏转在满刻度的 1/3 ~ 2/3。若指针偏角太大，应改接低挡位，反之就改换高挡位。

（5）实际应用中要防止超量程，不得测量额定电流极小的电器的电阻（如灵敏电流表的内阻）。

【实训与思考】

（1）如图 3-6 所示为把量程为 3mA 的电流表改装成欧姆表的结构示意图，其中电池电动势 $E = 1.5$ V。改装后，原来电流表 3 mA 刻度处的刻度值定为零位置，则 2 mA 刻度处应标为_____，1 mA 刻度处应标为_____。

（2）下列说法中正确的是（　　）。

A. 欧姆表每一挡的测量范围都是 0 到∞

B. 欧姆表只能用来粗略地测量电阻

C. 用欧姆表测电阻，指针越接近刻度中央误差越大

D. 用欧姆表测电阻，指针越靠近刻度右边误差越小

（3）用欧姆表测一个电阻 R 的阻值，选择旋钮置于"×10"挡，测量时指针指在 100 与 200 刻度弧线的正中间，可以确定（　　）。

A. $R = 150$ Ω　　B. $R = 1\,500$ Ω

（4）一个用满偏电流为 3mA 的电流表改装成的欧姆表，调零后用它测量 500 Ω 的标准电阻时，指针恰好指在刻度盘的正中间，

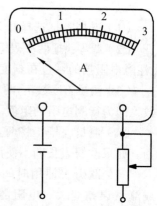

图 3-6 欧姆表的工作原理

如用它测量一个未知电阻时，指针指在 1 mA 处，则被测电阻的阻值为_____。

（5）如图 3-7 所示，用多用电表测量直流电压 U 和电阻 R，若红表笔插入多用电表的正（＋）插孔，则（　　）。

A. 前者电流从红表笔流入多用电表，后者电流从红表笔流出多用电表

B. 前者电流从红表笔流入多用电表，后者电流从红表笔流入多用电表

C. 前者电流从红表笔流出多用电表，后者电流从红表笔流出多用电表

D. 前者电流从红表笔流出多用电表，后者电流从红表笔流入多用电表

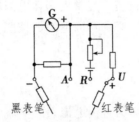

图 3-7　多用电表电路示意图

（6）如何使用欧姆表检查电路连线是否正确？电路中的短路和断路是怎样区分的？

（7）使用欧姆表前，检查指针的位置。若指针不在左端∞位置，需要调节_____。测量开始时，红表笔插入_____插孔，黑表笔插入_____插孔。测量时，内部电池的_____极与红表笔相连。

项目四　电流表的使用

电流表是测量电流大小的电工仪表。经常安装在电源箱、配电柜、控制柜面板上，用于显示线路的工作电流。安装使用时，必须切断电源，按照测量要求串联于被测电路中。

一、电流表的分类

电流表按所测电源的性质可以分为直流电流表、交流电流表和交直两用电流表。就其所测量的范围又分为微安表、毫安表和安培表。按其工作原理分为磁电式、电磁式和电动式等。按照电流表的显示分为指针式和数显示两种。电流表的外观和符号如图4-1所示。

图 4-1　电流表及电流表电气符号

二、使用指针式电流表的注意事项

1. 电流表的类型选择

测量直流电流时，较为普遍的是选用磁电式仪表，也可使用电磁式或电动式仪表。测量交流电流时，较多使用的是电磁式仪表，也可使用电动式仪表。对测量准确度要求高、灵敏度高的场合应采用磁电式仪表；对测量精度要求不严格、被测量较大的场合常选择价格低、过载能力强的电磁式仪表。

根据仪表表盘确定电流表的类型。电流表表盘标志为：中间字母为"A""uA"或"mA"。字母下有"—"为直流电流表；字母下有"～"为交流电流表；字母下有"≌"为交直流电流表。仪表类型由表盘的仪表标志符号确定。标志符号参照表0-2。

2. 电流表的量程选择

应使被测电流值处于电流表的量程之内。在不明确被测电流大小的情况下，应先使用较大量程的电流表试测，以免因过载而损坏仪表。

3．电流表的使用注意事项

使用电流表时，应先进行机械调零，以减小测量误差。使用完毕后，应先切断电源，再从测量电路中取下电流表，将其放置在干燥、通风和阴凉的环境中。对灵敏度、准确度很高的微安表和毫安表，应用导线将正、负端钮连接起来，以保护仪表的测量机构。

三、指针式电流表的使用方法

（1）电流表测量电流时，一定要将电流表串接于被测电路中。如图 4-2 所例。

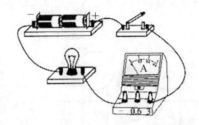

图 4-2　直流电流表测量灯珠的电流

（2）测量直流电流时，电流表接线端的"＋""－"极性不可接错，电流表与被测线路的连接，采取"＋"进"－"出的接线原则。否则可能损坏仪表。磁电式电流表一般只用于测量直流电流。

（3）有两个量程的电流表具有三个接线端，使用时要看清接线端量程标记，将公共接线端和一个量程接线端串接在被测电路中。如图 4-3 所示。

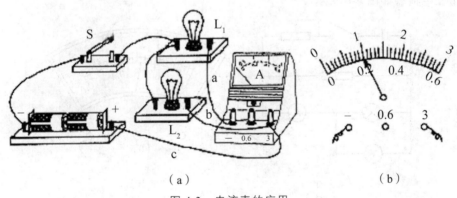

（a）　　　　　　　　　　（b）

图 4-3　电流表的应用

（4）选择合适的准确度以满足被测量的需要。电流表具有内阻，其内阻越小，测量的结果越接近实际值。为了提高测量的准确度，应尽量采用内阻较小的电流表。

（5）在测量数值较大的交流电流时，常借助于电流互感器来扩大交流电流表的量程。电流互感器次级线圈的额定电流一般设计为 5 A，与其配套使用的交流电流表量程也应为 5 A。电流表指示值乘以电流互感器的变流比，为所测实际电流的数值。使用电流互感器应让互感器的次级线圈和铁心可靠地接地，次级线圈一端不得加装熔断器，严禁使用时开路。图 4-4、图 4-5 为电流互感器与电流表测量单相电流的接线图和测量三相电流的接线图。

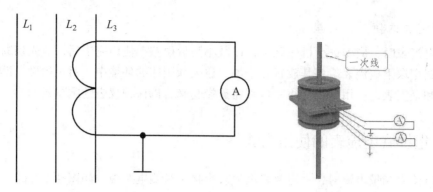

图 4-4　电流互感器与交流电流表测量单相电流接线图

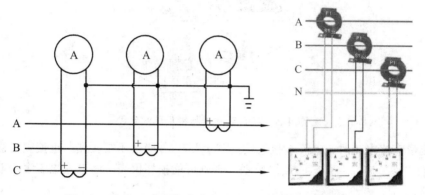

图 4-5　电流互感器与交流电流表测量三相电流接线图

（6）读数，记录相关数据。

多量程电流表如图 4-6 所示。

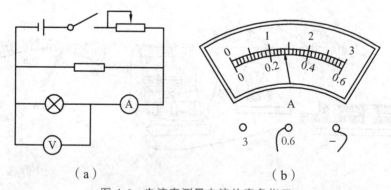

（a）　　　　　　　　　（b）

图 4-6　电流表测量电流的表盘指示

读取数值时的步骤是：

（a）看清量程（0～0.6 A 或 0～3 A）。

接线柱正极接 0.6 A 的接线柱，量程即为 0～0.6 A；若接线柱正极接 3 A 的接线柱，量程即为 0～3 A。

（b）看清分度值。

分度值是仪表的每一小格代表的数值。分度值＝满量程/总格数。如图 4-3（b）中，满量程为 0.6 A，总格数为 30，所以分度值为 0.02 A。一般而言，量程 0～3 A 分度值为 0.1 A，即每一小格代表 0.1 A。量程 0~0.6 A 分度值为 0.02 A，即每一小格代表 0.02 A。

（c）看清表针停留位置。

从正面观察，即视线与表盘垂直，避免粗大误差的出现。

（d）读数。

读取小格子数 × 分度值 = 电流表指示值。如图 4-6 中，满量程为 0.6 A，指针指示小格子数为 14，分度值为 0.2 A，所以电流表的读数为 2.8 A。注意，测量交流电流时，仪表的指示值是交流电流的有效值。

四、数显电流表

数显电流表分为单相数显电流表和三相数显电流表（见图 4-7），该表具有变送、LED（或LCD）显示和数字接口等功能，通过对电网中各参量的交流采样，以数字形式显示测量结果。经 CPU 进行数据处理。将三相（或单相）电流、电压、功率、功率因数、频率等电参量由LED（或液晶）直接显示，同时输出 0~5 V、0~20 mA 或 4~20 mA 的模拟电量，与远动装置 RTU 相连；并带有 RS232 或 485 接口。

（a）单相数显电流表　　（b）三相数显电流表

图 4-7　数显电流表

（一）数显电流表使用方法及注意事项

（1）先估计出测量电流的最大值，不得超过仪表测量范围。再将数显电流表串联于被测电路中。接线时严格遵照说明书进行连接。如图 4-8 所示。

（2）使用前，仪表需通电 15 min。

（3）注意防止震动和冲击，不要在有超量灰尘和超量有害气体的地方使用。

（4）输入导线不宜过长，如被测信号输入端较长时请使用双绞屏蔽线。

（5）若信号伴随高频干扰，应使用低频过滤器。

（6）长时间存放未使用时，应每三个月通电一次每次通电不少于 4 h。

（7）长期保存应避开直射光线，宜存环境温度为 -25~55 ℃。

（8）如仪表无显示，应先检查辅助电源的电压是否在规定范围内。

（9）如仪表显示不正常，检查输入信号是否正常及信号接线端是否拧紧。

（10）除非 PT 有足够功率，否则不能使用 PT 信号同时作为辅助电源，以保证仪表正常工作。

（11）CT 回路中的电流接线端子的螺丝必须拧紧，保证进/出线接触牢固可靠，以免产生故障。

（12）若要校验仪表，校验仪器应优于 0.1 级，才能保证校验精度。

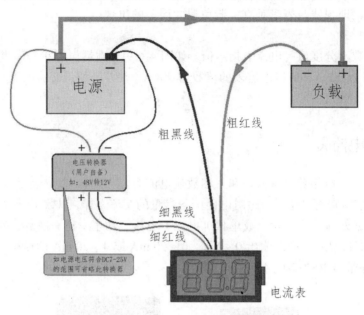

图 4-8　C27N 电流表接线示意图

项目五　电压表的使用

电压表是一种测量电压大小的电工仪表。按所测电压的性质分为直流电压表、交流电压表和交直两用电压表。其中直流电压表表盘上标记符号为"—"，交流电压表表盘上标记符号为"～"，交直两用电压表表盘上标记符号为"≅"。就其测量范围又有毫伏表、伏特表之分；按照显示方式分为指针式和数字显示两种；按工作原理分为磁电式、电磁式和电动式等，仪表类型由表盘的标志符号确定，标志符号参照表1。电压表的外观及符号如图5-1所示。

图 5-1　电压表及电压表电气符号

一、指针式电压表的选择

电压表的选择原则和方法与电流表的选择基本相同，主要从测量对象、测量范围、要求精度和仪表价格等几方面考虑。测量精度要求不高时，一般多用电磁式电压表。而对测量精度和灵敏度要求高的情况下，多常采用磁电式多量程电压表，其中普遍使用的是万用表的电压挡。

二、指针式电压表的使用与注意事项

（1）使用电压表时，应先对电压表进行机械调零，然后将电压表与被测电路的两端并联。如图5-2所示。如果串联，由于电压表的内阻值较大（通常电压表的内阻在几万欧以上），会影响整个电路的正常工作。

（2）所选用的电压表量程要大于被测电路的电压，以免损坏电压表。

（3）使用磁电式电压表测量直流电压时，要注意电压表接线端上的"＋""－"极性标记，应将电压表的正极接到被测电压的高电位端。即电压表的正极与电路的正极连接，负极与电路的负极连接，不得接反，否则测量时指针会反转，击毁仪表。有两个量程的电流表具有三个接线端，使用时要看清接线端量程标记，将公共接线端和一个量程接线端并联接在被测电路中。测量交流电压时，不考虑仪表的正负极。电压表的读数方法与电流表的读数方法相同。

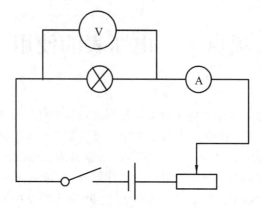

图 5-2　电压表的测量应用示例

（4）电压表具有内阻，内阻越大，测量的结果越接近实际值。为了提高测量的准确度，应尽量选用内阻较大的电压表。

（5）测量高电压时要使用电压互感器。电压互感器的初级线圈并接在被测电路上，次级线圈额定电压为 100 V，与量程为 100 V 的电压表相接。电压表指示值乘以电压互感器的变压比，为所测实际电压的数值。图 5-3 所示为带有电压互感器的测量接线图。电压互感器在运行中要严防次级线圈发生短路，通常在次级线圈中设置熔断器作为保护。

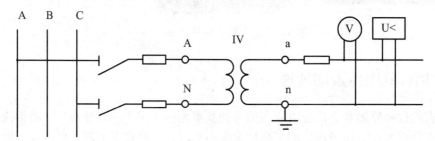

图 5-3　电压互感器测量接线图

三、指针式电压表故障检修

（1）仔细检查表头部分是否正常。

（2）电压表指针无法摆动时，在确认表头正常的情况下，若为分压电阻或温度补偿电阻开路，或连接线断路所致，则予以更换电阻或重新焊接开路点（若补偿电阻是线绕式的可以进行焊接，且焊接补偿电阻后必须做好绝缘处理工作）。

（3）若零点正常，量程不准确，检查分压电阻阻值的大小，若电阻阻值发生改变，则予以更换或串联（并联）一个电阻以达到原分压电阻阻值的大小（可用可调电阻调整）。

（4）电压表在低温环境下或刚开始使用时工作正常，而在使用一定时间后，仪表开始发生故障（特别是炎热夏天中午与早晚相比测量误差较大），这种情况大多是由于某一电阻功率不足所引起的。检修方法可参考电流表检修部分。

（5）随着使用时间的增长，电压表测量误差慢慢增大，出现这种故障的原因及检修方法参考电流表检修部分。

四、峰值电压表的介绍

峰值电压表是模拟式电压表的一种常见类型，是用来测量电压峰值的电子测量仪器。测量电压峰值的表计可分为测量交/直流电压的峰值电压表和测量冲击电压的峰值电压表两类，也有既可测量交/直流电压又可测量冲击电压的多用峰值电压表，一般都是数字式仪表。

峰值电压即电压从零电压到最高点的电压，也就是最大电压。峰值电压表的测量准确度一般为±1%左右。峰值电压表最高量程一般为 1 kV 左右，测量高电压时需和分压器配合使用，即将它和分压器低压臂并联。

由于高压示波器测量冲击电压峰值较费时且准确率不高，故可用分压器配合峰值电压表来测量冲击电压的峰值。峰值电压表如图 5-4 所示。

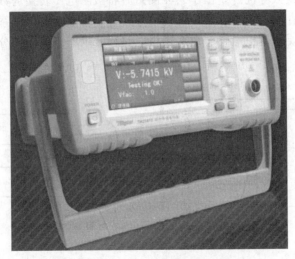

图 5-4　峰值电压表

在不少场合，只需要测量高电压的峰值，如测量绝缘的击穿。工业中常用的有交流峰值电压表和冲击峰值电压表，它们通常与分压器配合起来使用。交流峰值电压表的工作原理可分为两类：

（1）利用整流电容电流来测量交流高压。

（2）利用电容器充电电压来测量交流高压。

目前图形化界面的数字仪表已被广泛应用，这类仪表在测量波形的同时，在屏幕上可同时显示出峰值。例如，某些型号的变频功率分析仪直接测量的峰值电压可达 30 kV。相比之下，峰值电压表的功能已大为下降。

五、数字电压表

数字电压表是在模拟式电压表的基础上发展起来的一种新型数字测量仪表。如图 5-5 所示。它利用模/数转换器，将测量的模拟电压值转换成对应的数字量，再用电子计数器对数字量进行计数，并以十进制数字的形式显示测量结果。通常采用数码管或者液晶面板对测量结果进行显示。

图 5-5　数字电压表

与指针式电压表相比较，数字式电压表具有测量准确度高、测量速度快、抗干扰能力强、自动化程度高、便于读数等优点。由于它在测量时将被测电压转换为数字信号，因此便于采用计算机进行数据的存储、分析、调用、传输等处理，形成自动测试系统。

数字式电压表主要由模拟电路、数字逻辑电路和显示电路三大部分组成。其原理框图如图 5-6 所示。

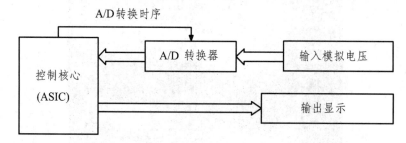

图 5-6　数字电压表原理框图

（一）测量范围

1. 交流电压测量范围

直接输入：AC 500 V、199.9 V、19.99 V、1.999 V；

使用电压互感器输入：X/100 V（可根据用户要求定制）。

2. 直流电压测量范围

直接输入：DC 600 V、199.9 V、19.99 V、1.999 V，还可根据用户要求定制。

3. 数字式电压表的固有误差

$\Delta U = \pm$（$0.001\% \times$ 读数 $+ 0.002\% \times$ 满刻度）。

（二）数字电压表的使用方法

（1）根据所测电压预估，选择所需挡位和量程。

（2）电压表黑表笔插入 COM 口，红表笔插入电压输入插口，如图 5-7 所示。

（3）表笔头跨接在电源负载两端，并联。

（4）确认单位与读数。

数字电压表开机后进入电压测试等待状态，液晶屏幕显示字符"P"，按下 1 键进入电压测量状态，可测量 0 ~ 5 V 电压，再按 1 键进入等待状态。为了正确读出直流电压的极性（±），将红色表笔接电路正极，黑色表笔接负极或电路地。如果用相反的接法，有自动调换极性功能的数字多用表会显示负号来指示负的极性。

图 5-7　数字电压表表笔接口

数字电压表与数显式电流表测量电压、电流的接线示例如图 5-8 所示。

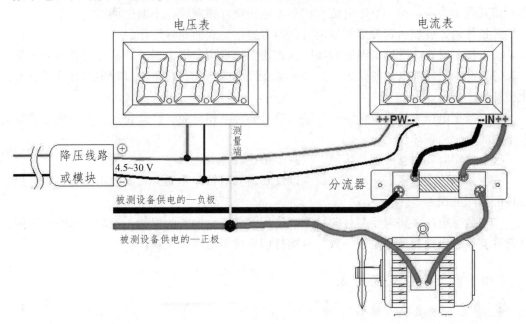

图 5-8　数字电压表与数显式电流表测量电压、电流的接线图

（三）数字电压表使用注意事项

数字电压表是精密的测量仪器，必须严格按技术条件操作，否则不仅测量不准确，严重

的还会损坏仪表。所以要注意下列事项：

（1）在使用之前，必须进行调整和校准。否则无法正常工作。仪表通电按规定的预热时间预热后，即可进行预调整。仪表的型号不同.预调方式也不同，下面为常见的几种情况：

（a）需要先调"正负平衡"再校准的电压表，应先将其校准开关置于"正负平衡"位置，调节"平衡"电位器，使表的正和负示值相等或在允许误差范围内。然后将校准开关置于校正位置，这时正负也应保持平衡。如不平衡，应反复调整使之平衡，并达到规定的校正电压值。

（b）需要先调"零平衡"后再校准的电压表，应先将校准开关置于"零平衡"位置，调节"零平衡"电位器，使显示值在"O"左右变化。之后把校准开关置于"校正"位置，调节"校正"电位器，使之显示出规定的校正电压值。此时相反极性也应显示出这一电压值。如不重合，应反复调节"零平衡"电位器，直到正和负都显示同一规定的校正电压值。

（c）"调零"和"正、负校准"各自进行的电压表应将选择开关先后置于"零校准""正校准"和"负校准"位置，调节相对应的调节电位器，使之在每一位置显示出相应的示值"0""+UN"和"－UN"。

（d）如果以上几种调零及校准都进行完以后仍达不到理想示值，应将数字电压表送往计量部门，由专业人员打开机盖，调节内部的"调零""校准"和"量程"等电位器，以达到理想状态。

（e）为了减少零电流的影响，有的仪表具有"零电流"调节，应按规定调节零电流电位器，使其显示为零。但调节零电流和调节零电压要互相兼顾，不要失调。

经过预调，各项达到规定的要求后，即可进行正式的测量工作。

（2）使用时要注意环境温度和湿度。若违反规定则会增大误差，甚至完全不能工作。

（3）有内附标准电池的仪表，严禁大角度倾斜或倒置，在运输过程中最好拆下电池，防止损坏。

（4）数字电压表的测量量纲应与输入信号的种类相对应，严禁超过仪表所规定的最大输入电压，否则会损坏仪表。

（5）使用时要注意屏蔽及接地，以减少干扰。

（6）由于数字电压表存在零电流，以及共输入阻抗并非无穷大，使用时要注意被测信号源内阻引起的误差。

（7）数字电压表如需要与打印机配套使用，应注意两者的编码、逻辑状态的电平值，以及脉冲宽度、极性和波形是否一致，否则打印机将不动作或误动作。

（四）数字电压表的特点

1. 显示清晰直观，读数准确

数字电压表能避免人为测量误差（例如视差），保证读数的客观性与准确性。同时它符合人们的读数习惯，能缩短读数和记录的时间，具备标志符显示功能，包括测量项目符号、单位符号和特殊符号。如图5-9所示。

图 5-9　数字式电压表

数字式电压表的测量结果以多位十进制数直接进行显示，显示位数可用整数或带分数表示。其中整数或带分数的整数部分是指数字电压表完整显示位的位数（能显示 0~9 所有数字的位）；带分数的分数位说明在数字电压表的首位还存在一个完整显示位，其中分子表示首位能显示的最大十进制数。例如，3 位的数字电压表表明其完整显示位有 3 位，最大显示值为999；3½位数字式电压表表明其除了有 3 位完整显示位外，在首位还有一位非完整显示位（½位），首位最大只能显示 1，因此该数字电压表的最大显示值为 1999。

2. 准确度高

数字电压表的准确度远优于模拟式电压表。例如，3½位、4½位 DVM 的准确度分别可达±0.1%、±0.02%。

3. 分辨率高

分辨率是指所能显示的最小数字（零除外）与最大数字的百分比。数字电压表在最低电压量程上末位 1 个字所代表的电压值反映仪表灵敏度的高低，且随显示位数的增加而提高。

数字电压表的分辨力是指数字电压表能够显示的被测电压的最小变化值，即在最小量程时，数字电压表显示值的末位跳变 1 个字所需要的最小输入电压值。例如，SX1842 型 4½位数字式电压表，最小量程为 20 mV，在该量程挡电压最大显示值为 19.999 mV，所以其分辨力为 0.001 mV。

4. 扩展能力强

在数字电压表的基础上可扩展成各种通用及专用数字仪表、数字多用表（DMM）和智能仪器，以满足不同的需要。如通过转换电路测量交/直流电压、电流，通过特性运算可测量峰值、有效值、功率等，通过变化适配可测量频率、周期、相位等。

5. 测量速率快

数字电压表在每秒钟内对被测电压的测量次数叫测量速率，单位是"次每秒"。测量速率主要取决于 A/D 转换器的转换速率，其倒数是测量周期。3½位、5½位 DVM 的测量速率分别为几次每秒、几十次每秒。8½位 DVM 采用降位的方法，测量速率可达 10 万次每秒。

6. 输入阻抗高

数字电压表的输入阻抗通常为 10 MΩ　10 000 MΩ，最高可达 1 TΩ。在测量时从被测电路上吸取的电流极小，不会影响被测信号源的工作状态，能减小由信号源内阻引起的测量误差。

7. 抗干扰能力强

5½位以下的 DVM 大多采用积分式 A/D 转换器，其串模抑制比（SMR）、共模抑制比

（CMR）分别可达 100 dB、80～120 dB。高档 DVM 还采用数字滤波、浮地保护等技术，进一步提高了抗干扰能力，CMR 可达 180 dB。

8. 集成度高，微功耗

【实训与思考】

1. 实训原理如图 5-10（a）所示，按图 5-10（b）连接电路，分别将滑动电阻器放置于最左端、中间、最右端三个位置，把电流表和电压表的读数按位置填写在表 5-1 中。

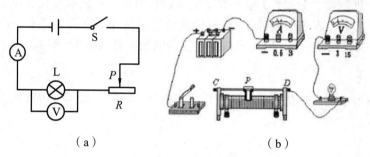

（a）   （b）

图 5-10　电压表与电流表的实验图

表 5-1　测量记录表

电阻器位置	电流表读数/mA	电压表读数/mV
最左端		
中间位置		
最右端		

2. 如图 5-11 所示，在实验台上用 180 W 鼠笼式电动机做负载，正确连接电路。经检查无误后通电运行，将有关测量数据记入表表 5-2 中。

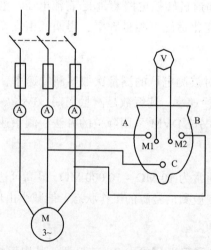

图 5-11　电动机三相电流与电压的测试

表 5-2　三相电路电流和电压测量记录表

内容	电动机			启动电流			运行电流			运行电压		
项目	容量/W	额定电压/V	额定电流/A	I_{L1}	I_{L2}	I_{L3}	I_{L1}	I_{L2}	I_{L3}	U_{12}	U_{13}	U_{23}
参数												

3. 将 220 V 交流电源 US、普通灯泡、1 个拉线开关、1 只电流表和 1 只电压表按照图 5-12 所示连接电路。并在这个原理图上画出电流表，闭合电源开关，读取电流表和电压表的读数，填入表 5-3 中。注意测量仪表的满量程选择。

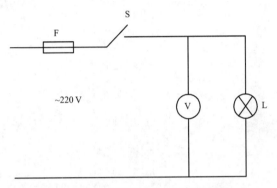

图 5-12　照明电路中电压电流的测量

表 5-3　单相电路电流和电压测量记录表

仪表种类	连接方式	显示数值
电流表		
电压表		

4. 电流表在电路中如果与用电设备并联，对电流表会有什么影响？电压表在电路中如果与用电设备串联，对用电设备有什么影响？

5. 3½位数字电压表的最大显示值为多少？其中½位表示该数字电压表的首位最大显示为多少？

6. 在实训室按照图 5-13 进行实训。先读懂（a）图，在空白的圆圈处，画出电流表和电压表，挑选电路元件，再按照（b）图进行连接。要求：

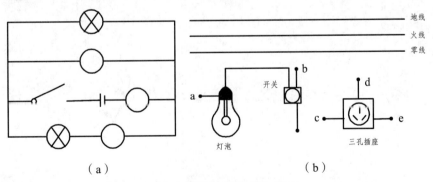

（a）　　　　　　　　　　　　（b）

图 5-13　照明电路安装与测量

（1）一只电流表测量干线电流，一只电流表测量灯泡电流，一只电压表测量灯泡的电压。

（2）电路连接正确后，记录测量仪表的读数。

7. 甲、乙两台数字电压表，甲的显示屏显示的最大值为 9999，乙为 19999，问：

（1）它们各是几位的数字电压表，是否有超量程能力？

（2）若乙的最小量程为 200 mV，其分辨率为多少？

项目六 表头的扩程与校准

一个未改装的电表,俗称"表头"。它所通过的电流值很小,只有 10^{-6} A 左右,它与电阻并联或串联,并用高精度校准表校准后,可改装成不同量程、不同精度的电流表、电压表。如果加上整流元件和电源,还可以改装成交流电表和交直流两用电表。一些非电量测量的温度表、压力表、流量表和速度表等也可由表头经过设计改装而成。

一、电流表量程的扩大

磁电系表头的线圈一般都是用很细的高强度漆包线绕制而成,表头的满偏电流很小,只适用于测量微安级或毫安级电流。若要测量较大的电流,需要扩大表头的量程。方法是:在表头两端并联一个分流电阻 R_p(见图 6-1),使超过表头能承受的那部分电流从 R_p 流过。若表头的满偏电流 I_g 与内阻 R_g 已知,根据需要的电流表量程 I,由欧姆定律可算 R_p 为

$$R_p = I_g R_g /(I - I_g) = R_g /(n_i - 1) \tag{6-1}$$

上式中 $n_i = I / I_g$ 是电流表扩程倍数。由表头和分流电阻 R_p 组成的整体就是电流表,R_p 成为分流电阻。选用大小不同的 R_p,就可以得到不同量程的电流表。如图 6-2 所示。

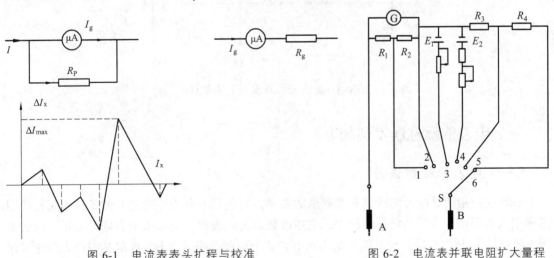

图 6-1 电流表表头扩程与校准　　　　图 6-2 电流表并联电阻扩大量程

二、电压表量程的扩大

对一定内阻的表头,其端电压与通过它的电流成正比。只要在表头面板上刻上和电流相

应的电压值就得到一只量程 $(U = I_g \cdot R_g)$ 很小的电压表（通常只有零点几伏）。

为了测量较大的电压，在表头上串联一个扩程电阻 R，如图 6-3 所示。使超过表头所能承受的电压降落在 R 上。在已知满偏电流为 I_g，内阻为 R_g，根据需要的电压表量程 U，就能计算出扩程电阻为

$$R = (U / I_g) - R_g = (n-1)R_g \tag{6-2}$$

式中，$n = U / U_g = U /(I_g R_g)$ 是电压扩程倍数。由表头和扩程电阻 R 组成的整体就是电压表，R 称为分压电阻。选用不同大小的 R，就可得到不同量程的电压表。如图 6-4 所示。

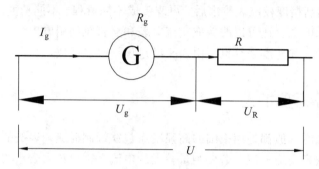

图 6-3　电压表串联电阻扩大电压量程

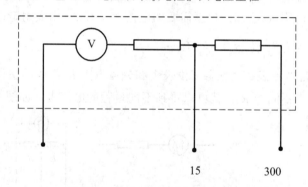

图 6-4　电压表串联电阻扩大量程

三、电表的标称误差和校准

（一）电表的标称误差

标称误差指的是电表的读书和准确值的差异，它包括了电表在构造上的各种不完善的因素所引入的误差。为了确定标称误差，先用改装后的电表和一个标准电表同时测量一定的电流（或电压），称为校准。校准的结果得到电表各个刻度的绝对误差。选取其中最大的绝对误差除以量程，即为该电表的标称误差。故

标称误差=（最大的绝对误差/量程）×100%

根据标称误差的大小，电表分为不同的等级。例如标称误差为 2% ~ 5%，该表就定为 0.5 级，表盘上以 0.5 表示。

（二）电表的校准

扩程后的电表必须经过校准方能使用。方法是：用一标准表曲线对待校表的测量值予以修正，从而减小电表的误差。如果把未经校准的电表用于测量，则所得结果的误差只能由电表的级别来估计，准确度就要差一些。

电流表的校准电路如图 6-5 所示，分流电阻 R_p 用电阻箱代替，R_2 是滑动变阻器，E 是直流电源。电压表的校准电路如图 6-6 所示，扩程电阻 R 用电阻箱代替，R_1 是滑动变阻器，E 是直流电源。

（三）电表的校准实验操作步骤

1. 将量程 50 μV 的表头扩程至 2 V

按图 6-7 所示电路图接线，标准电压表接 3 V 挡。

（1）测量时先闭合 K_1，将 K_2 置于闭合位置，并把变阻器的滑头 C 滑到 A 端，然后慢慢增大电源电压，直到被测表头的读数满偏，并记下此时标准电压表的读数值。

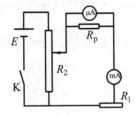

图 6-5　电流表校准电路图　　图 6-6　电压表校准电路箾

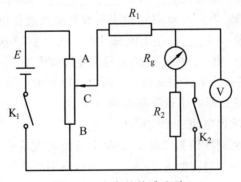

图 6-7　电表的校准电路

（2）断开 K_2，调节 R_H（或者电源电压 E 的值），使电压表读数保持不变，再调节 R_2，直到微安表电流半偏；反复调节 R_H（或 E）和 R_2 的值，直到电压表的读数保持不变的同时，微安表电流正好半偏，记下 R_2 的值，由式（6-2）可知 R_2 即为表头内阻。

2. 将量程 100 μA 的表头扩程至 1 mA

（1）根据测出的 R_g 由式 R_p 算出分流电阻。

（2）校准电路如图 5。由于负载电阻较小，校准时电流变化范围较大，故控制电路采用限流分压混合式，取 $R_1 > 2R_2$ 作细调，R_p 用电阻箱。标准表级别高于表头两级，量程与扩程表相同。

（3）校准量程，将电阻箱调为 R 计算值，调节 R_2、R_1，使标准表示值为 1 mA，此时扩程表应指满偏值。若有差异，细心调节 R_p，使两只电表同时达到满偏值。

（4）校准刻度值，保持实调值 R_p 不变，调节 R_2、R_1，在零到满偏值之间均匀地取扩程表有字的刻度值，从大到小进行校准，记下标准表相应示值，然后再由小到大复测一遍。

（5）取两次校准的平均值 ΔI_x，作校准曲线并计算扩程表的级别。记下待校表的示值 I_x 和标准表的示值 I_s，从而得到刻度的修正值 $\Delta I_x = (I_s - I_x)$。把被校表整个量程上不同的刻度值都校准一遍，可画出 $I_x - \Delta I_x$ 曲线。注意，相邻两校准点用直线连接，整个图形是一条折线，称为校准曲线。

3. 将 100 μA 的表头扩程为 3 V 的电压表

先由式（6-2）算出扩程电阻 R，按图 6-7 接好校准电路。由于负载电阻较大，校准时电压变化范围较大，故控制电路采用二级分压式，取 $R_1 \approx R_2/10$ 作细调。其余步骤与校准电流表相同。

实验完成后，填写数据表格。实验值：R_P=_____，计算值：R_P=_____；并定出电表级别。

本实验思考题：实验时，R_p，R_s 的取值应该比计算值大些，还是小些？为什么？

【实训与思考】

1. 把表头改装成大量程电流表时，需要_____（填写"串联"或"并联"）一个_____（填写"大"或"小"）电阻；把表头改装成大量程电压表时，需要_____（填写"串联"或"并联"）一个_____（填写"大"或"小"）电阻。

2. 为了测定表头内阻，用一内阻不计的电源，连接如图 6-8 所示的电路，当电阻箱的电阻调到 1 200 Ω时，电流表指针偏转到满刻度，再把电阻箱的电阻调到 3 000 Ω时，电流表指针刚好指到满刻度的一半。

（1）根据上述数据可求出电流表的内阻为_____。

（2）若这个电流表的满刻度值为 750 μA，要把它改装成量程为 3 V 的电压表，应串联一个电阻值为_____的分压电阻。

（3）为了核对该表，给你一个标准表，一个 4.5 V 的电池组 E，一个最大阻值为 1 kΩ的滑动变阻器 R，开关 S 及导线若干，请画出符合要求的电路图。

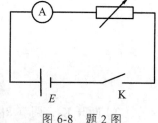

图 6-8　题 2 图

3. 在"将电流表改装成电压表"实验中，需要用图 6-9 所示的电路测量出电流表（表头）的内阻，操作过程如下：

（a）将滑动变阻器滑片滑到最右端

（b）闭合 S_1，调节 R_1，使表头满偏，

（c）闭合 S_2，调节 R_2，使表头半偏，

（d）读出 R_2 的阻值，即为表头内阻的测量值。

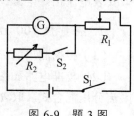

图 6-9　题 3 图

（1）实验前将滑动变阻器滑片滑到最右端，是为了保护表头使其在闭合 S_1 后不至于因电流过大而烧坏表头。某同学认为，在闭合 S_2 前也应对 R_2 进行调节，请说出你的看法？如果认为应该调节，请说明应怎样调节；如果认为可不调节请简要说明理由。

（2）利用这种方法测量的表头内阻比真实值＿＿＿＿＿＿＿（选填"偏大""偏小"或"相等"）。

（3）实验要求把表头改装成是量程为 U 的电压表，用上述方法测量出表头内阻后，经计算串联一个阻值为 R 串的大电阻，即可把它改装成一个大量程的电压表，改换表盘后，利用改装后的电压表去测量电路中的电压，则它测量到的电压比实际被测量的电压值＿＿＿＿＿＿（选填"偏大""偏小"或"相等"）

4. 如图 6-10 所示测定表头内阻的电路，电源内阻不计，当电阻箱的电阻调到 1 200 Ω时，电流表指针偏转到满刻度；再把电阻箱的电阻调到 3 000 Ω时，电流表指针刚好指到满刻度的一半。

（1）根据上述数据可求出电流表的内阻为＿＿＿＿＿＿ Ω。

（2）若这个电流表的满刻度值是 500 μA，要把它改装成量程为 3V 的电压表，应串联一个电阻值为＿＿＿＿＿＿ Ω 的分压电阻。

（3）为了核对改装成的电压表 V，给你一个标准电压表 V_0，一个 4.5 V 的电池组 E，一个最大阻值为 1 kΩ的滑动变阻器 R，开关 S 及若干导线。请画出符合要求的电路图。

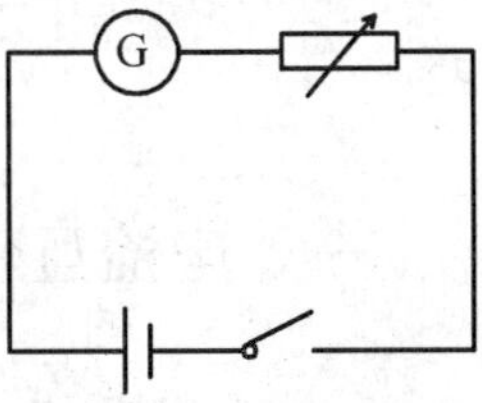

图 6-10　题 4 图

5. 电表的扩程与校准思考题：

（1）能不能将 1.00 mA 表头扩程为 50 μA 的电流表？为什么？

（2）校准电流表（以及电压表）时发现改装表的读数相对于校准表的读数偏高，试问要达到标准表的数值，改装表的分流电阻应调大还是调小？

项目七 仪用互感器与常规互感器的使用

仪用互感器是将大的电流或高电压变换成相应的小电流或低电压的测量用互感器。它与电工仪表配合使用，测量仪表经过互感器接入电路后，一方面可以避免检测人员和测量仪表与高电压回路直接接触，以保证人身和设备的安全，另一方面可以简化仪表结构、扩大测量范围。

仪用互感器有电流互感器和电压互感器两种。它们的工作原理都是采用变压器的工作原理。

一、电流互感器的基本知识

（一）电流互感器的工作原理

电流互感器由一次线圈、二次线圈、铁心、绝缘支撑及出线端子等组成。电流互感器的铁心由硅钢片叠制，依据变压器原理制成，起到电流变换和电气隔离作用。其工作原理如图7-1所示。

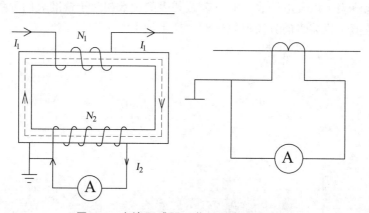

图 7-1 电流互感器工作原理与电气符号

它的工作原理是：一次线圈与被测电路串联，通过的被测电流 I_1 在铁心内产生交变磁通，使二次线圈感应出相应的二次电流 I_2（一般其额定电流为 5 A）。如将励磁损耗忽略不计，则 $I_1 N_1 = I_2 N_2$，其中 N_1 和 N_2 分别为一、二次线圈的匝数。电流互感器的变流比 $K = I_1 / I_2 = N_2 / N_1$，则被测电流 I_1 = 电流表指示电流值 × 变流比 K。

电流互感器大致可分为两类，测量用电流互感器和保护用电流互感器。电路系统图中使用 "PC" 表示电流互感器，工作原理图中用 "TA" 表示。电流互感器有三种结构形式，如图7-2所示。

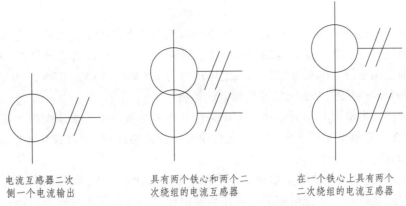

电流互感器二次　　　　具有两个铁心和两个二　　　在一个铁心上具有两个
侧一个电流输出　　　　次绕组的电流互感器　　　二次绕组的电流互感器

图 7-2　电流互感器的三种结构形式

电流互感器使用时，它的的一次线圈连接在主电路中，所以一次线圈对地必须采取与一次线路电压相适应的绝缘材料，以确保二次回路与人身的安全。二次回路由电流互感器的二次线圈、仪表以及继电器的电流线圈串联组成。电流互感器二次接线的两种形式如图 7-3 所示。

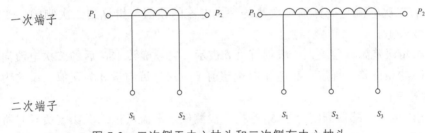

图 7-3　二次侧无中心抽头和二次侧有中心抽头

（二）电流互感器主要参数及应用

1. 电流互感器主要参数（见图 7-4）

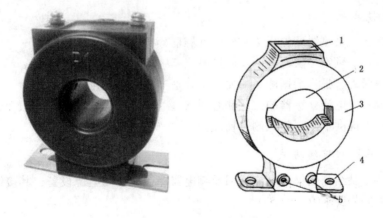

图 7-4　LMZJ 型电流互感器

1—铭牌；2—二次母线穿孔；3—铁心；4—安装板；5—二次接线端

额定电流比：指互感器一次侧额定电流与二次侧额定电流之比，一般用不约分的分数表示。即 $K_i = I_1/I_2$。

额定电压：额定电压 U_N 是指电流互感器一次测绕组能长期承受的最大电压。它是电流互感器一次测绕组对二次绕组和地的绝缘电压，反映了电流互感器的绝缘强度，U_N 应不低于所接线路的额定相电压。电流互感器的额定电压分为 0.5 kV，3 kV，6 kV，10 kV，35 kV，110 kV，220 kV，330 kV，500 kV 等几种电压等级。

准确等级：根据电流互感器在额定工作条件下使用时所产生的误差大小，规定了其准确度等级，它是在额定电流下所规定的最大允许误差百分数的标称，通常有 0.001、0.002、0.005、0.01、0.02、0.05、0.1、0.2、0.5 和 1.0 等。

0.2 级及以下的电流互感器主要用于电力系统的工程测量，0.1 级及以上的电流互感器主要用于在标准试验条件下进行精密测量或作为鉴定标准。准确等级选择的原则：计费计量用的电流互感器准确级不低于 0.5 级；用于监视各进出线回路中负荷电流大小的电流表应选用 1.0 ~ 3.0 级的电流互感器。为了保证准确度误差不超过规定值，一般还需校验电流互感器二次负荷（伏安），互感器二次负荷 S_2 不大于额定负荷 S_N，所选准确度才能得到保证。准确度校验公式：$S_2 \leqslant S_N$。

比差：互感器的误差包括比差和角差两部分。比值误差简称比差，一般用符号 f 表示，它等于实际的二次电流与折算到二次侧的一次电流的差值与折算到二次侧的一次电流的比值，以百分数表示。

角差：相角误差简称角差，一般用符号 δ 表示，它是旋转 180° 后的二次电流向量与一次电流向量之间的相位差。规定二次电流向量超前于一次电流向量 δ 为正值，反之为负值，以分（′）为计算单位。

额定容量：电流互感器额定容量 S_N 是指二次测额定电流通过二次额定负载时所消耗的视在功率，一般用伏安表示：$S_N = I_{2N}^2 Z_{2N}$（式中 I_{2N} 是二次测额定电流，Z_{2N} 是二次测额定阻抗）。

极性标志：电流互感器一次绕组标志为 P1、P2，二次绕组标志为 S1、S2。若 P1、S1 是同名端，则这种标志叫减极性。一般都按减极性表示，即一次电流从 P1 端进，二次电流从 S2 端出。二次电流从 S1 端流出，经外电路流向 P2 端。

2. 电流互感器的正确使用

（1）额定电压。被侧线路电压 $U \leqslant$ 电流互感器额定电压 U_N。

（2）额定变比。额定一次电流 $I_1 \geqslant$ 通过电流互感器的最大工作电流 I_M。

（3）准确等级的选择。根据测量的要求选择适当的互感器准确等级。

（4）额定容量。电流互感器的二次侧容量 S_2 必须在额定容量 S_{2N} 和下限负载范围内，否则电流互感器的准确度下降，降低测量精度。

3. 电流互感器的接线方式

电流互感器是供给测量仪表电流线圈及继电器保护装置的电源设备，其接线方式根据不同的情况有着不同的要求。

1）单相回路

图 7-5 所示为一台电流互感器用于单相回路的接线示意图，是电流互感器常用的接线方法，可用于交流电流表的量程扩大。

只要改变电流互感器的电流比 K_i，就可测量出不同的一次测电流。依据公式 $I_1=K_iI_2$。式中 I_1 为一次测电流，K_i 为变流比，I_2 为二次测电流。

2）三相回路

图 7-6 为三相三线制中两相电流互感器接成的不完全星形接法，用于测量三相电流、有功、无功电功率和保护相间短路故障。图 7-7 为两相电流差接线和三相星形接线，用于三相四线制系统中的电流测量、功率测量和保护任何形式的短路故障。

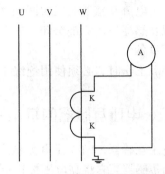

图 7-5　一台电流互感器用于单相回路

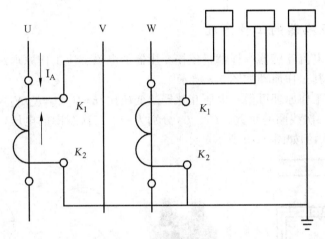

图 7-6　两相星形接线

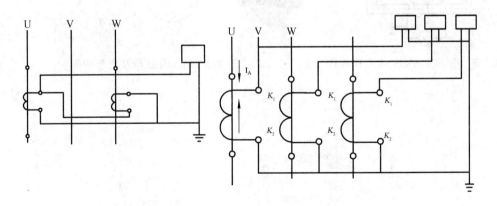

图 7-7　电流互感器两相电流差接线和三相星形接线

4. 电流互感器使用注意事项

（1）无论何时，严禁将电流互感器二次侧开路，二次测回路禁止使用熔断器或保险丝，否则会带来高压危险。

（2）电流互感器的二次测需要短接时，禁止使用熔丝或一般导线缠绕，必须使用专用短接线。

（3）连接测量仪表时，必须注意电流互感器的极性，以免极性接错，造成测量错误。

（4）电流互感器的二次测回路必须设置保护接地，而且只允许有一个接地点，以防止由于电流互感器一次测绕组和二次测绕组之间的绝缘击穿，二次侧回路串入高压危及人身安全和损坏设备。

（5）工作时，必须使用绝缘工具，站在绝缘垫上。

二、电压互感器的基本知识

电压互感器（PT）是电力系统中测量仪表、继电保护等二次设备获取电气一次回路电压信息的传感器。它将高电压按比例转换成低电压（即 100 V），电压互感器一次侧接在一次系统，二次侧接测量仪表、继电保护装置等。

（一）电压互感器的工作原理

电压互感器同电流互感器一样是依据变压器的电磁感应工作原理制成，起到电压变换和电气隔离作用。其工作原理如图 7-8 所示。

根据变压器的工作原理可得：电压互感器的变压比 $K=U_1/U_2=N_1/N_2$，$U_2=U_1/K$。其中 N_1 和 N_2 分别为一、二次线圈的匝数，U_1、U_2 分别为一、二次线圈的电压。实物及电气符号如图 7-9 所示。应用示例如图 7-10 所示。

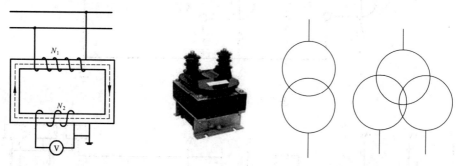

图 7-8　电压互感器的工作原理图　　　　图 7-9　电压互感器及电气符号

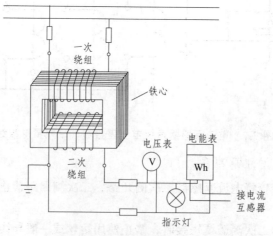

图 7-10　电压互感器应用示例

（二）电压互感器的接线方式

电压互感器在电力系统中一般有四种接线方式：

（1）一个单相电压互感器接于两相间。用于测量线电压和供仪表、继电保护装置。当用于 110 kV 及以上中性点接地系统时，可测量某一相对地电压；当用于 35 kV 及以下中性点不接地系统时，只能采用测量相间电压的接线方式，不能测量相对地电压（见图 7-11）。

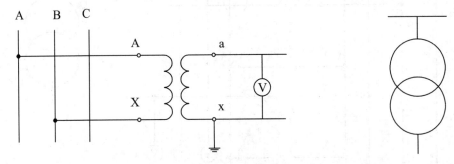

图 7-11　一个单相电压互感器的应用

（2）两个单相电压互感器接成 V/V 接线。可测量线电压，但不能测相电压。它广泛应用在 20 kV 以下中性点不接地或经消弧线图接地的电网中。这种不完全三角形接线，用于测量两个线电压 U_{AB} 与 U_{BC}，当互感器的主要二次负荷是电能表和功率表时，这种接线方式最为恰当（见图 7-12）。

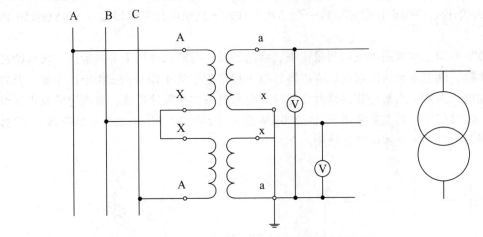

图 7-12　两个单相电压互感器的应用

（3）三个单相电压互感器接成 Y0/Y0 接线。它广泛应用于各级电压系统中，而 3 ~ 15 kV 电压级广泛采用三相式电压互感器。其二次绕组用于测量相间电压或相对地电压，辅助二次绕组接成开口三角形，供接入中性点不接地电网绝缘监视仪表、继电器使用，或供中性点直接接地系统的接地保护使用（见图 7-13）。

注意：由于小接地电流系统发生单相接地时，另外两相电压要升到线电压，所以，这种接线的二次侧所接的电压表不能按相电压来选择，而应按线电压来选择，否则在发生单相接地时，仪表可能被烧坏。

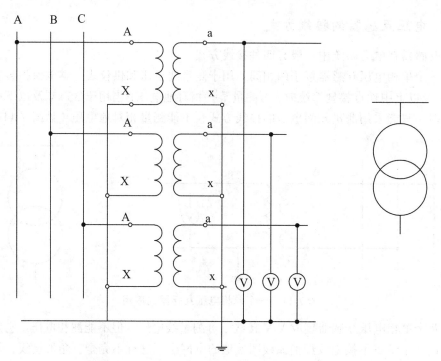

图 7-13　三个单相电压互感器的应用

（4）三个单相三绕组电压互感器或一个三相五柱式电压互感器，接成 Y0/Y0/d（开口三角形）和三个单相三绕组电压互感器或一个三相五柱式三绕组电压互感器接成 Y0/Y0/Δ型（图 7-14）。

接成 Y0 形的二次线圈供电给测量仪表、继电器及绝缘监察电压表等。辅助二次线圈接成开口三角形，供电给绝缘监察电压继电器。当三相系统正常工作时，三相电压平衡，开口三角形两端电压为零。当某一相接地时，开口三角形两端出现零序电压，使绝缘监察电压继电器动作，发出信号。其主要要用于 3～220 kV 系统（110 kV 及以上无高压熔断器），供接入交流电网绝缘监视仪表和继电器使用。

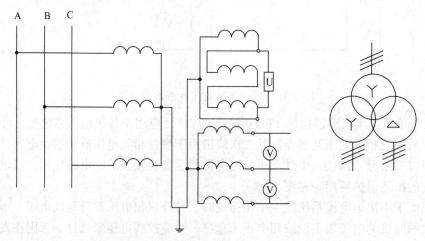

图 7-14　三个单相三绕组电压互感器的应用

（三）电压互感器使用注意事项

（1）电压互感器在投入运行前要按照规程规定的项目进行试验检查。例如，测极性、连接组别、摇绝缘、核相序等。

（2）电压互感器的接线应正确，一次绕组和被测电路并联，二次绕组应和所接的测量仪表、继电压互感器电保护装置或自动装置的电压线圈并联，同时要注意极性的正确性。

（3）接在电压互感器二次侧负荷的容量应合适，接在电压互感器二次侧的负荷不应超过其额定容量，否则，会使互感器的误差增大，难以达到测量的正确性。

（4）电压互感器二次侧不允许短路。由于电压互感器内阻抗很小，若二次回路短路时，会出现很大的电流，将损坏二次设备甚至危及人身安全。电压互感器可以在二次侧装设熔断器以保护其自身不因二次侧短路而损坏。在可能的情况下，一次侧也应装设熔断器以保护高压电网不因互感器高压绕组或引线故障危及一次系统的安全。

（5）为了确保人在接触测量仪表时的安全，电压互感器二次绕组必须有一点接地。因为接地后，当一次和二次绕组间的绝缘损坏时，可以防止仪表和继电器出现高电压。

三、互感器的故障与分析

互感器实际上就是一种容量很小的降压变压器，其工作原理、构造及连接方式都与电力变压器相同。正常运行时，有均匀的、轻微的嗡嗡声，运行异常时常伴有噪声及其他现象：

（1）响声异常：若系统出现谐振或馈线单相接地故障，互感器会出现较高的"哼哼"声。如其内部出现噼啪声或其他噪声，则说明有内部故障。

（2）漏油：高压互感器因内部故障（如匝间短路、铁心短路）过热产生高温，使其油位急聚上升，因为绝缘油的膨胀作用而产生漏油现象；互感器因密封件老化而引起严重漏油故障等。

（3）互感器内部发生臭味或冒烟：说明其连接部位松动或互感器高压侧绝缘损伤等。

（4）绕组与外壳之间或引线与外壳之间有火花放电，说明绕组内部绝缘损坏或连接部位接触不良。

四、常规互感器应用与测试

（一）常规互感器应用

1. 互感器绕组的端子和极性

电压互感器绕组分为首端和尾端，对于全绝缘的电压互感器，一次绕组的首端和尾端可承受的对地电压是一样的。而半绝缘结构的电压互感器，尾端可承受的电压一般只有几 kV。常用 A 和 X 分别表示电压互感器一次绕组的首端和尾端，用 a、x 或 P1、P2 表示电压互感器二次绕组的首端或尾端。电流互感器常用 L1、L2 分别表示一次绕组首端和尾端，二次绕组则用 K1、K2 或 S1、S2 表示首端或尾端。不同的生产厂家其标号可能不一样，通常用 1 表示首端，2 表示尾端。

当端子的感应电势方向一致时，称为同名端；反过来说，如果在同名端通入同方向的直流电流，它们在铁心中产生的磁通也是同方向的。标号同为首端或同为尾端的端子而且感应电势方向一致，这种标号的绕组称为减极性，此时 A-a 端子的电压是两个绕组感应电势相减的结果。在互感器中正确的标号规定为减极性。

2. 电压互感器和电流互感器在结构上的主要差别

（1）电压互感器和电流互感器都可以有多个二次绕组，但电压互感器可以多个二次绕组共用一个铁心，电流互感器则必须是每个二次绕组都必须有独立的铁心，有多少个二次绕组，就有多少个铁心。

（2）电压互感器一次绕组匝数很多，导线很细，二次绕组匝数较少，导线稍粗。变电站用的高压电流互感器一次绕组只有 1 到 2 匝，导线很粗，二次绕组匝数较多，导线的粗细与二次电流的额定值有关。

（3）电压互感器正常运行时，严禁将一次绕组的低压端子打开，严禁将二次绕组短路。电流互感器正常运行时，严禁将二次绕组开路。

3. 互感器型号意义

1）电压互感器型号意义

第一个字母：J——电压互感器。

第二个字母：D——单相；S——三相；C——串级式；W——五铁心柱。

第三个字母：G——干式，J——油浸式；C——瓷绝缘；Z——浇注绝缘；R——电容式；S——三相；Q——气体绝缘。

第四个字母：W——五铁心柱；B—带补偿角差绕组。

连字符后的字母：GH——高海拔地区使用；TH——湿热地区使用。

2）电流互感器的型号意义

电流互感器的型号由字母符号及数字组成，通常表示电流互感器绕组类型、绝缘种类、使用场所及电压等级等。字母符号含义如下：

第一位字母：L——电流互感器。

第二位字母：M——母线式（穿心式）；Q——线圈式；Y——低压式；D——单匝式；F——多匝式；A——穿墙式；R——装入式；C——瓷箱式；Z——支柱式；V——倒装式。

第三位字母：K——塑料外壳式；Z——浇注式；W——户外式；G——改进型；C——瓷绝缘；P——中频；Q——气体绝缘。

第四位字母：B——过流保护；D——差动保护；J——接地保护或加大容量；S——速饱和；Q——加强型。

字母后面的数字一般表示使用电压等级。例如：LMK-0.5S 型，表示使用于额定电压 500 V及以下电路，塑料外壳的穿心式 S 级电流互感器。LA-10 型，表示使用于额定电压 10 kV 电路的穿墙式电流互感器。

（二）电压、电流互感器共有试验项目及步骤

1. 绝缘电阻测量

（1）试品温度应在 10～40 ℃ 之间。

（2）用 2 500 V 兆欧表测量，测量前对被试绕组进行充分放电。

（3）试验接线：电磁式电压互感器需拆开一次绕组的高压端子和接地端子，拆开二次绕组。测量电容式电压互感器中间变压器的绝缘电阻时，必须将中间变压器一次线圈的末端（通常为 X 端）及 C2 的低压端（通常为δ）打开，将二次绕组端子上的外接线全部拆开，按图 7-15 接好试验线路。电流互感器按图 7-16 接好试验线路。

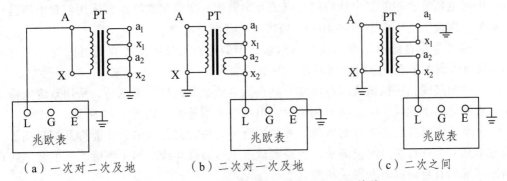

（a）一次对二次及地　（b）二次对一次及地　（c）二次之间

图 7-15　电磁式电压互感器绝缘电阻测量接线

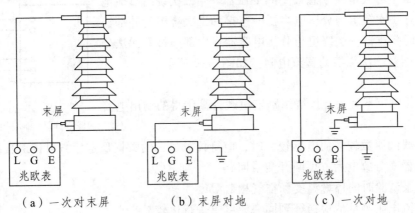

（a）一次对末屏　　（b）末屏对地　　（c）一次对地

图 7-16　电流互感器绝缘电阻测量接线

（4）驱动兆欧表至额定转速，或接通兆欧表电源开始测量，待指针稳定后（或 60 s 后），读取绝缘电阻值。读取绝缘电阻后，先断开接至被试绕组的连接线，然后再将绝缘电阻表停止运转。

（5）断开绝缘电阻表后应对被试品放电接地。

关键点：

（a）采用 2 500 V 兆欧表测量。

（b）测量前被试绕组应充分放电。

（c）拆开端子连接线时，拆前必须做好记录，恢复接线后必须认真检查核对。

（d）当电容式电压互感器一次绕组的末端在内部连接而无法打开时可不测量。

（e）如果怀疑瓷套脏污影响绝缘电阻，可用软铜线在瓷套上绕　圈，并与兆欧表的屏蔽端连接。

试验要求：

（a）与历次试验结果和同类设备的试验结果相比无显著差别。

（b）一次绕组对二次绕组及地应大于 1 000 MΩ，二次绕组之间及对地应大于 10 MΩ。

（c）不应低于出厂值或初始值的 70%。

（d）电容型电流互感器末屏绝缘电阻不宜小于 1 000 MΩ；否则应测量其 tanδ。

2. 绕组直流电阻测量

（1）对电压互感器一次绕组宜采用单臂电桥进行测量。

（2）对电压互感器的二次绕组以及电流互感器的一次或二次绕组宜采用双臂电桥进行测量，如果二次绕组直流电阻超过 10 Ω，应采用单臂电桥测量。

（3）也可采用直流电阻测试仪进行测量，但应注意测试电流不宜超过线圈额定电流的 50%，以免线圈发热直流电阻增加，影响测量的准确度。

（4）试验接线：将被试绕组首尾端分别接入电桥，非被试绕组悬空，采用双臂电桥（或数字式直流电阻测试仪）时，电流端子应在电压端子的外侧，如图 7-17 所示。

（5）换接线时应断开电桥的电源，并被试绕组短路，充分放电后才能拆开测量端子，如果放电不充分而强行断开测量端子，容易造成过电压而损坏线圈的主绝缘，一般数字式直流电阻测试仪都有自动放电和警示功能。

（6）测量电容式电压互感器中间变压器一、二次绕组直流电阻时，应拆开一次绕组与分压电容器的连接和二次绕组的外部连接线，当中间变压器一次绕组与分压电容器在内部连接而无法分开时，可不测量一次绕组的直流电阻。如图 7-17 所示。

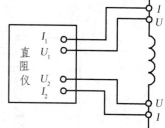

图 7-17　直流电阻测量接线

关键点：

（a）测量电流不宜大于按绕组额定负载计算所得的输出电流的 20%。

（b）当线圈匝数较多而电感较大时，应待仪器显示的数据稳定后方可读取数据，测量结束后应待仪器充分放电后方可断开测量回路。

（c）记录试验时的环境温度和空气相对湿度。

（d）直流电阻测量值应换算到同一温度下进行比较。

结果判断：

与历次试验结果和同类设备的试验结果相比无显著差别。

（三）电压互感器特有的试验项目

1. 电压变比测量（包括电容式电压互感器的中间变压器）

1）电压表法

待检互感器一次及所有二次绕组均开路，将调压器输出接至一次绕组端子，缓慢升压，同时用交流电压表测量所加一次绕组的电压 U_1 和待检二次绕组的感应电压 U_2，计算 U_1/U_2 的值，判断是否与铭牌上该绕组的额定电压比（U_{1n}/U_{2n}）相符，如图 7-18 所示。

2）变比电桥法（参照仪器使用说明书进行）

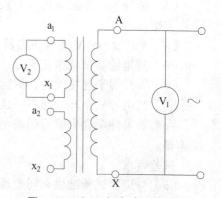

图 7-18　电压表法试验接线图

试验要求：与铭牌和标志相符。

2. 电磁式电压互感器介质损耗因数及电容量测量

1）正接法

以 **HSXJS-II** 型介质损耗测试仪为例，如图 7-19 所示接线。实际接线应按所使用的仪器说明书进行。

正接线的特点：

（a）测量结果主要反映一次绕组和二次绕组之间和端子板绝缘的电容量和介质损耗因数。

（b）测量结果不包括铁心支架绝缘的电容量和介质损耗因数（如果 PT 底座垫绝缘就可以）。

（c）测量结果不受端子板的影响。

（d）试验电压不应超过 3 kV（建议为 2 kV）。

2）反接法（见图 7-20）

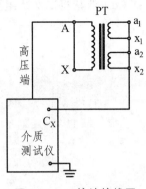

图 7-19 正接法接线图

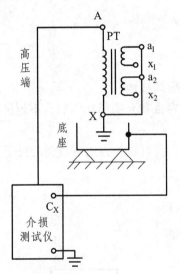
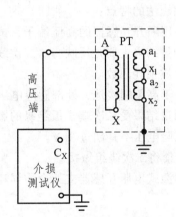

图 7-20 反接法接线图

反接法的特点：

（a）测量结果主要反映一次绕组和二次绕组之间、铁心支架、端子板绝缘的电容量和介质损耗因数。

（b）测量结果受端子板的影响。

（c）试验电压不应超过 3 kV（建议为 2 kV）。

3）末端屏蔽法（见图 7-21）

末端屏蔽法的特点：

（a）对于串激式电压互感器，测量结果主要反映铁心下部和二次线圈端部的绝缘，当互感器进水时该部位绝缘最容易受潮，所以末端屏蔽法对反映互感器受潮较为灵敏。

（b）对于串激式电压互感器，被测量部位的电容量很小，容易受到外部干扰。

（c）试验电压可以是 10 kV。

（d）严禁将二次绕组短接。

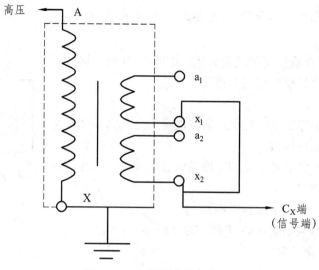

图 7-21 末端屏蔽法接线图

4）末端加压法（见图 7-22）

末端加压法的特点：

（a）不用断开互感器的高压端子，试验中将高压端接地。

（b）测量结果主要是反映一、二次线圈间的电容量和介质损耗因数，不包括铁心支架的电容量和介质损耗因数。

（c）由于高压端接地，外部感应电压被屏蔽掉，所以这种方法有较强的抗干扰能力。

（d）测量结果受二次端子板绝缘的影响。

（e）试验电压不宜超过 3kV。

（f）严禁将二次绕组短接。

（5）串激式电压互感器支架介质损耗因数的测量

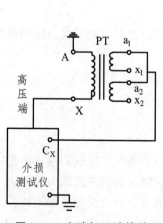

图 7-22 末端加压法接线图

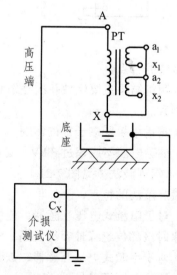

图 7-23 测量支架的介质损耗因数

测量接线如图 7-23 所示，互感器放置于绝缘垫上。由于支架的电容量很小，通常只有几十皮法，所以要求介损测量仪应有相应的测量范围。

试验要求及结果判断：

（a）采用末端屏蔽法和末端加压法时，严禁将二次绕组短接。

（b）串级式电压互感器建议采用末端屏蔽法，其他试验方法与要求自行规定。

（c）前后对比宜采用同一试验方法。

（d）交接时，35 kV 以上电压互感器在试验电压为 10 kV 时，按制造厂试验方法测得的介损不应大于出厂试验值的 130%。

（e）支架介损一般不大于 6%。

（f）与历次试验结果相比，应无明显变化。

（g）绕组 $tg\delta$ 不应大于规程规定值。

（四）电流互感器特有的试验项目

1. 变比试验

1）电流法

由调压器及升流器等构成升流回路，待检 TA 一次绕组串入升流回路；同时用测量用 TA_0 和交流电流表测量加在一次绕组的电流 I_1、用另一块交流电流表测量待检二次绕组的电流 I_2，计算 I_1/I_2 的值，判断是否与铭牌上该绕组的额定电流比（I_{1n}/I_{2n}）相符。如图 7-24 所示。

2）电压法

待检 CT 一次绕组及非被试二次绕组均开路，将调压器输出接至待检二次绕组端子，缓慢升压，同时用交流电压表测量所加二次绕组的电压 U_2、用交流毫伏表测量一次绕组的开路感应电压 U_1，计算 U_2/U_1 的值，判断是否与铭牌上该绕组的额定电流比（I_{1n}/I_{2n}）相符。见图 7-25 所示。

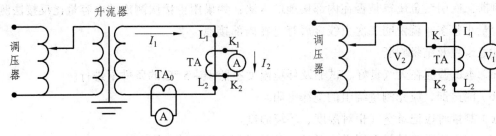

图 7-24 电流互感器变比测量接线图   图 7-25 电压法

3）电流互感器变比测试仪（互感器伏安特性测试仪）

按说明书操作。

结果判断：

与铭牌和标志相符。

注意事项：

（1）用电流法测量某个二次绕组时，其余所有二次绕组均应短路、不得开路，根据待检

CT 的额定电流和升流器的升流能力选择量程合适的测量用 CT 和电流表。

（2）用电压法时，二次绕组所施加的电压不宜过高，防止 CT 铁心饱和。

（3）用电流互感器变比测试仪测量某个二次绕组时，其余所有二次绕组均应短路、不得开路，根据待检 CT 的额定电流和升流器的升流能力选择合适的测量电流。

2. 正立式电容型电流互感器介质损耗因数及电容量测量

测量接线如图 7-26 所示。

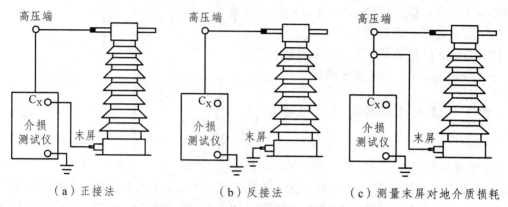

（a）正接法　　　　　（b）反接法　　　　（c）测量末屏对地介质损耗

图 7-26　正立式电流互感器介质损耗测量接线

3. 倒立式电流互感器介质损耗因数及电容量测量

（1）SF6 绝缘电流互感器不要求测量介质损耗因数。

（2）当二次绕组的金属罩和二次引线金属管内部接地而零屏外引接地时只能采用反接法进行测量。

（3）当二次绕组的金属罩和二次引线金属管与零屏同时外引接地时优先采用正接法进行测量。

判断二次引线金属罩是否在内部接地的方法：如果用正接法测出的电容量比反接法测出的电容量小很多，就说明二次引线金属管已在内部接地。

注意事项及结果判断：

（a）本试验应在天气良好、试品及环境温度不低于 + 5 ℃ 的条件下进行。

（b）测试前，应先测量绕组的绝缘电阻。

（c）测量时应记录空气相对湿度、环境温度。

（d）与历次试验结果和同类设备的试验结果相比无显著差别。

（e）绕组 tanδ 不应大于规程规定值。

（f）当测量电容型电流互感器末屏 tanδ 时，其值不应大于 2%。

4. 一次绕组交流耐压试验

将二绕组短接并与外壳连接后接地，在一次侧加压。采用调压器及串联谐振装置的试验接线如图 7-27 所示。

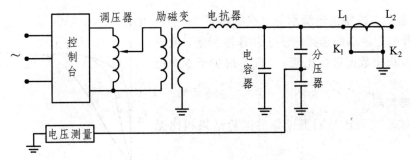

图 7-27　电流互感器一次绕组交流耐压试验

注意事项：

（a）耐压试验前应确认试品绝缘电阻合格。

（b）充油和充气互感器必须静置规定的时间（通常安装后应静止 24 h 以上）。

（c）绝缘油应试验合格。

（d）气体试验合格，耐压在额定气压下进行。

（e）耐压试验前后，应检查有否绝缘损伤。

（f）外施交流耐压试验电压的频率应为 45～65 Hz；

（g）交流耐压试验时加至试验标准电压后的持续时间，凡无特殊说明均为 1 min。

（h）外施耐压试验的电压值应在高压侧进行测量，并应测量电压峰值。

（i）测量时应记录空气相对湿度、环境温度。

（j）拆开试验设备高压引线，测试被试绕组对其他绕组及地绝缘电阻，并与耐压前测试值比较，耐压后绝缘电阻不应降低。

（k）试验结束后应对被试品放电接地。

试验要求：

（a）试验过程不应发生闪络、击穿现象。

（b）外施耐压试验前后，绝缘电阻不应有明显变化。

5. 励磁特性（伏安特性）曲线

（1）待检 CT 一次及所有二次绕组均开路。

（2）将调压器或试验变压器的电压输出高压端接至待检二次绕组的一端，待检二次绕组另一端通过电流表（或毫安表，视量程需要）接地、试验变压器的高压尾端接地，如图 7-28 所示。

（3）接好测量用 PT、电压表。

（4）缓慢升压，同时读出并记录各测量点的电压、电流值。

（5）依次测量其他二次绕组的励磁特性曲线。如图 7-29 所示。

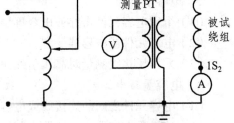

图 7-28　励磁特性测量

注意事项：

（a）试验时应先去磁（可加交流电压平缓升降几次），然后将电压逐渐升至励磁特性曲线的饱和点即可停止。

（b）如果该绕组励磁特性的饱和电压高于 2 kV，则现场试验时所施加的电压一般应在

2 kV 截止，避免二次绕组绝缘承受过高电压。

（c）试验时记录点的选择应便于计算饱和点、便于与出厂数据及历史数据进行比较，一般不应少于 5 个记录点。

试验结果判断：

与历次试验结果或与同类设备的试验结果相比无显著差别。

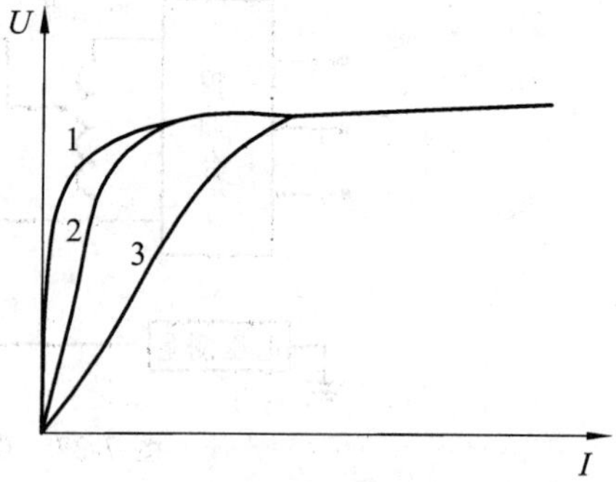

图 7-29　电流互感器的励磁特性曲线
1—正常曲线；2—短路 1 匝；3—短路 2 匝

（四）试验数据的判断

1. 对试验数据的判断方法

（1）与出厂试验数据或安装交接试验数据比较应无明显的变化。

（2）与同类产品比较应无明显的差异。

（3）与历年试验数据比较应无显著的差别。

（4）试验结果应符合相关规程的规定。

2. 数据异常的可能原因

1）绝缘电阻下降

（1）受潮。

（2）外套脏污。

（3）绝缘老化变质。

（4）局部绝缘破损或击穿。

2）介质损耗因数增大

（1）受潮或外套脏污。

（2）外电场干扰。

（3）试验引线或接地线接触不良造成的附加损耗。

（4）电容屏半击穿状态形成的附加电阻。

（5）内部绝缘存在局部放电缺陷。

（6）绝缘老化、变质造成介质损耗增加。

（7）介质损耗随试验电压的下降而增加，说明电容屏绝缘材料有杂质。

3）电容量增加

（1）个别电容元件击穿或电容屏层间绝缘存在击穿问题。

（2）电容元件或电容屏受潮。

（3）采用反接线测量时高压引线太长（引线对地电容大）。

4）电容量减小

（1）电容元件之间的连接线或电容屏引线断线或接触不良。

（2）油浸式电容器或互感器内部缺油。

5）直流电阻异常

（1）线圈存在匝间短路。

（2）线圈存在焊接或接触不良、断线等问题。

6）励磁特性异常

（1）励磁电流增加：绕组存在匝间短路，此时变比也会发生变化。

（2）励磁电流变小：绕组存在断线或虚焊问题。

（五）电流互感器使用注意事项

（1）电流互感器在工作时二次绕组侧不得开路。

（2）电流互感器二次绕组侧有一端必须接地。

（3）电流互感器在接线时，必须注意其端子的极性。

（六）电压互感器使用注意事项

（1）压互感器在工作时，其一、二次绕组侧不得短路。

（2）电压互感器二次绕组侧有一端必须接地。

（3）电压互感器在接线时，必须注意其端子的极性。

【实训与思考】

1. 选择题：

（1）电流互感器分为测量用电流互感器和（　　　　）用电流互感器。

A. 实验　　　　　　　B. 保护　　　　　　C. 跳闸　　　　　　D. 运行

（2）电流互感器使用时，二次侧能增加熔断器吗？（　）

A. 能　　　　　　　　B. 不能

（3）电压互感器使用时，二次侧能增加熔断器吗？（　）

A. 能　　　　　　　　B. 不能

（4）使用电压互感器和电流互感器时，二次仪表的量程有无通用标准？

A. 有　　　　　　　　B. 无

（5）电流互感器只能应用于对电流的测量。（　）

A. 正确　　　　　　　B. 不正确

（6）互感器 LZZBJ9-10 中第 2 个"Z"表示含义为（　　）

A. 浇注式　　　　　　B. 支柱式　　　　　C. 干式

（7）保护级：10P15 表示的意义为（　　）

A. 15 倍额定一次电流时互感器的复合误差大于 10%B

B. 倍额定一次电流时互感器的复合误差小于 10%

C. 15 倍额定一次电流时互感器的比差大于 10%

D. 倍额定一次电流时互感器的比差小于 10%

（8）600A/5A 的电流互感器二次负荷为 0.8 Ω，即为（　　）V·A

A. 10　　　　　　　　B. 20　　　　　　　C. 40

（9）600A/5A 的电流互感器一次线圈匝数为 2 匝，则二次绕组匝数为（　　）匝

A. 40　　　　　　　B. 60　　　　　　　C. 80　　　　　　　D. 100

（10）已知 10 000V/100V 的电压互感器二次线圈匝数为 160 匝，则一次线圈匝数为（　　）匝

A. 略大于 16 000 匝　　　B. 略小于 16 000 匝　　　　C. 等于 16 000 匝

2. 用直流法如何测量绕组的极性？

3. 如何测量电流互感器保护级线圈的伏安特性？

4. 利用图 7-30 所示的电流互感器可以测量被测电路中的大电流，若互感器原、副线圈的匝数比 $n_1 : n_2 = 1 : 100$，交流电流表 A 的示数是 50 mA，则（　　）

A. 被测电路的电流的有效值为 5 A

B. 被测电路的电流的平均值为 0.5 A

C. 被测电路的电流的最大值为 5 A

D. 原、副线圈中的电流同时达到最大值

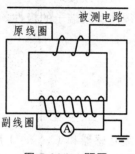

图 7-30　4 题图

5. 标出图 7-31（a）（b）（c）（d）中一次、二次绕组的同极性端。

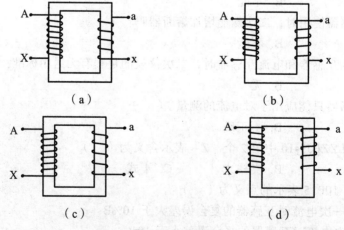

（a）　　　　　　　　　　　　（b）

（c）　　　　　　　　　　　　（d）

图 7-32　5 题图

6. 找一个电流互感器和电压互感器，使用万用表测量他们的绕组电阻大小，比较电流互感器和电压互感器绕组的区别。

7. 现有 86 kW 的负荷（包括照明），请问如何选择电流互感器，变比是多少？

项目八　钳形电流表的使用

钳形电流表是一种用于测量正在运行的电气线路的电流大小的便携式电工仪表。操作简便，适用于"带电"测量交流电流的大小，不影响用电设备的正常工作。

这种仪表按其结构分为互感器式和电磁系两种。常用的是互感器式钳形电流表，主要由一只电流互感器、钳形扳手和一只整流式磁电系仪表所组成，它只能测量交流电流。电磁系仪表的可动部分偏转方向与极性无关，它可以测量交、直流电流。根据测量显示方式分为指针式（见图 8-1）和数字式（见图 8-2）两种。

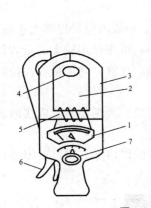

图 8-1　指针式钳形电流表及结构图

1—电流表；2—电流互感器；3—铁心；4—被测导线；5—二次绕组；6—手柄；7—量程选择开关

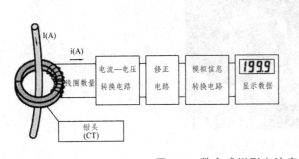
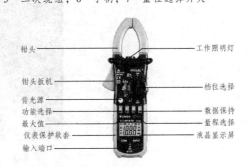

图 8-2　数字式钳形电流表测量原理及实物图

一、互感器式钳形电流表的工作原理

钳形电流表主要由一只电磁式电流表和穿心式电流互感器组成。穿心式电流互感器的二次绕组缠绕在铁心上且与电流表相连，它的一次绕组即为穿过互感器中心的被测导线。旋钮实际上是一个量程选择开关，扳手的作用是开合穿心式互感器铁心的可动部分，以便使其钳入被测导线。

测量电流时，按动扳手，打开钳口，将被测载流导线置于穿心式电流互感器的中间，当被测导线中有交变电流通过时，交流电流的磁通在互感器二次绕组中感应出电流，该电流通过电磁式电流表的线圈，使指针发生偏转，在表盘标度尺上指出被测电流值。如图 8-1 所示。

二、钳形电流表的使用与维护

1. 测量前的准备和维护

使用钳形电流表前应熟悉仪表的技术性能，注意其测量范围。并熟悉各旋钮或按键的功能。测量时先要选择适当的量程。

（1）检查钳形电流表指针是否指向零位。否则，应进行机械调零。

（2）检查钳形电流表开口处的开合情况，如钳口的开合是否灵活，两边钳口接合面的接触是否紧密。

（3）通过估计被测电流的大小，选择合适的量程挡位，一般挡位量程略大于被测电流值。对于指针式钳形电流表，若无法预先估计被测电流的大小，可先选用较大的量程挡测量，然后根据指针指示的电流大小的，逐步切换到合适的量程挡。注意，切换量程挡位时，不得带电操作。指针式钳形电流表测量前一定要机械调零。

（4）被测电路电压不能超过钳形电流表上所标明的数值，否则容易造成接地事故，或者引起触电危险。

（5）减小测量误差。将被测载流导线置于钳形电流表的钳口部，钳口紧闭并且保持良好接触。如图 8-3 所示。

图 8-3　钳形电流表的测量

2. 钳形电流表的使用

（1）当测量较小电流时，为了使读数较为准确，可将被测导线多缠绕几圈后放入钳口进行测量，以增大读数量。测量的实际电流值等于仪表的读数除以导线的圈数。

（2）钳形表每次只能测量一相导线的电流，不可以将多相导线都夹入钳形窗口测量。如图 8-4 所示。

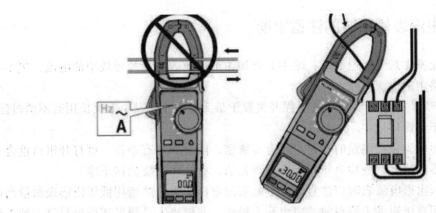

图 8-4　钳形电流表测量电流

（3）测量三相异步电动机的三相电流时，可以每相测一次，也可以三相测一次，此时表上的数字应为零，（因三相电电流的向量和为零），当钳口内有两根相线时，表上显示数值为第三相的电流值。通过测量电动机各相电流，可以判断电动机是否有过载现象、电动机内部或电源电压是否有问题。按照规定，三相异步电动机的三相电流不平衡度不得超过 10%。

使用交直流两用钳形电流表测量电压、电阻等电量时，测量方法与万用表的使用方法相同。如图 8-5、图 8-6 所示。

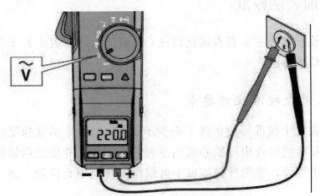

图 8-5　交直流钳形电流表测量电压

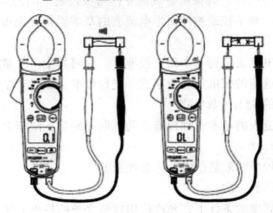

图 8-6　交直流钳形电流表测量线路通断

三、钳形电流表使用时的注意事项

（1）为了避免发生意外触电事故，绝不允许用钳形电流表测量裸导线中的电流，更不允许去测量高压电路中的电流。

（2）测量完毕后，一定要将仪表的量程开关置于最大位置上。以免下次使用时不慎过流，并应将仪表保存于干燥环境中。

（3）使用钳形电流表在测量时，钳口闭合要紧密，闭合后如有杂音，可打开钳口重合一次，如果杂音仍不能消除，应检查钳口表面是否光洁，有尘污时要擦拭干净。

（4）使用高压钳形电流表时应注意钳形电流表的电压等级，严禁用低压钳形表测量高电压回路的电流。用高压钳形表测量时，应由两人操作，非值班人员测量还应填写第二种工作票，测量时应戴绝缘手套，站在绝缘垫上，不得触及其他设备，以防止短路或接地。

（5）当电缆或供电系统有一相接地时，严禁测量。防止出现因电缆头的绝缘水平低，发生对地击穿爆炸而危及人身安全的情况。

（6）钳形表测量电流时，对旁边靠近的导线电流也有影响，所以还要注意三相导线的位置应均等。

四、钳型电流表的校准

钳形电流表的校准方法主要有直接比较法（模拟指示标准表法）、标准数字表法、用多功能校准器做标准的校准方法。

（一）钳形电流表校准操作要求

（1）被校钳形表置于校准环境条件下不少于 2 h，以消除温度梯度；同时除制造厂商规定外不允许预热。校准前检查钳口铁心端面是否清洁干净，并保证两端面接触完好。

（2）调整被校表零位，被测导线应置于近似钳口几何中心位置，并与电流互感器窗口垂直。

（3）测量时除被测导线外，其他所有载流导体与被校表之间的距离应大于 0.5 m。根据被校表的准确度、量程、频率校准被测钳形电流表的基本误差；也可根据用户要求，只校准所需或要求部分。

（4）对多量程钳形电流表进行基本误差校准时，只对其中一个量限的有效范围内的数字分度线（指针式）或已选定的校准点（数字式）进行校准。而对其余量限只校准其上限分度线（指针式）或满量程的 95%（数字式）。

（5）数字式钳形电流表的基本量程校准点的选取原则为下限至上限均匀选取不少于 5 个校准点。

（6）指针式钳形表校准读取数值时，应避免视差。

（7）对每个校准点读数一次。

（8）在保证校准准确度的条件下，允许使用规范之外的校准方法。

（二）钳形电流表校准直接比较法（模拟指示标准表法）

采用直接比较法校准钳形电流表时，标准表的测量上限与被校表的测量上限之比应在 1～1.25 范围内。同时，标准表及配用的互感器应符合表 8-1 的要求。

表 8-1　对标准表及互感器的要求

被校表的准确度等级	标准表的准确度等级	与标准表配用的互感器等级
2.0（2.5）	0.5	0.1
5.0	0.5	0.2

校准时调整被校钳形表的零位，如图 8-7 所示连接好线路，使被校表顺序地指示在每个数字分度线（指针式）或已选定的校准点（数字式）上，并记录这些点的实际值，再进行计算。标准表直接校准时按图 8-7（a）接线，

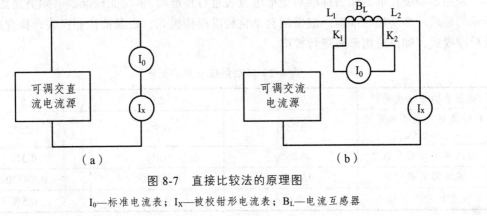

图 8-7　直接比较法的原理图

I_0—标准电流表；I_X—被校钳形电流表；B_L—电流互感器

标准表与互感器组合校准时按照图 8-7（b）接线。

（三）钳形电流表校准标准数字表法

当校准数字多用表的校准误差小于被校表允许误差的 1/3 时，可采用标准数字表法进行校准。校准原理如图 8-8 所示.采用这种校准方法，必须注意校准电阻的取值。根据被校表所选取的校准点，既要保证回路电流小于校准电阻的额定值，又必须使标准数字表的读数尽量接近其满量程值。由于输入电阻值不是足够大而引起的附加误差应小于允许误差的 1/5。

操作时标准数字电压表要按说明书的要求进行预热和预调，选择合适的功能和量程。作为交流标准的数字电压表，必须有频率为 50 Hz 的检定结果。

用标准数字法校准钳形电流表时按图 8-8 接线，设测得标准电阻两端电压实际值为 U_n，标准电阻实际值为 R_n，被校表显示值 I_X，则

被校表的基本误差用百分数表示为：

$$\gamma = \frac{I_x - \dfrac{U_n}{R_n}}{I_n} \times 100\%$$

式中　I_m——被校表的上限电流值。

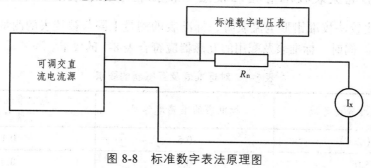

图 8-8　标准数字表法原理图

　　R_n—标准电阻；I_X—被校钳形电流表

（四）多功能校准器作为标准的校准方法

　　采用多功能校准器作为标准对钳形电流表进行校准时,多功能校准器必须满足如上表8-2所示的要求。多功能校准器一般采用自动化校准操作模式,根据被检测仪表选择合适校准点及校准模式,即可对钳形表进行校准。

表 8-2　多功能校准器的要求

被校表的准确度等级	1.0	2.0	5
校准器的扩展不确定度（$k=2.58$）	0.25%	0.5%	1.25%
校准器的相对灵敏度	0.05%	0.1%	0.3%
校准器的稳定度	0.1%/30s	0.2%/30s	0.5%/30s
校准器的调节细度	0.1%	0.2%	0.5%

【实训与思考】

　　1. 在实训室如图 8-9 所示连接照明电路,用钳形电流表测量相线 L、L1 和 L2 的电流。比较 L 和 L1 的电流大小,分析两个电流不相同的原因。

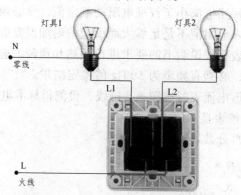

图 8-9　照明电路的电流测试与分析

2. 在实训室如图 8-10 所示连接电路。用钳形电流表测量一台功率为 180 W 的三相异步电动机启动和空载运行时的电流。将检测结果填入表 8-3。（注意实训安全）

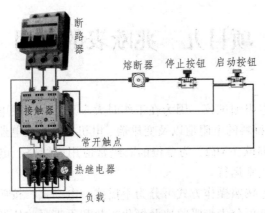

图 8-10　三相异步电动机的电流测试

表 8-3　三相异步电动机启动电流和空载电流的测量（单位：A）

钳形电流表		启 动 电 流		空载电流		导线钳口绕两匝后的空载电流		缺相运行电流			
型号	规格	量程	读数	量程	读数	量程	读数	量程	读数		
									U	V	W

3. 在图 8-10 中，电路正常工作时，如果使用钳形电流表卡住三根定子导线，请问三根相线的总电流为多少？并说明原因。

4. 钳形电流表能测量直流电的电流吗？

5. 比较电流表和钳形电流表测量电流的区别有哪些？

6. 钳形电流表在使用过程中，能否切换量程，请说明原因？

7. 分析在下列生产设备故障中，使用钳形电流表怎样判断电动机的故障？

（1）一台矿石粉碎机，拖动电机为 15 kW。电机大修后空载运转正常，但不能带负荷，一加上负载，电机就过载跳闸。经检查，其机械、电源方面均正常，测电机线圈直流电阻分别是 2.4 Ω、3.2 Ω和 2.4 Ω；用钳形电流表测三相空载电流分别是 9 A、5 A、8.8 A，请分析电动机什么地方有故障？是什么导致电动机转矩降低，只能空载转动，但带不起负荷？

（2）有一台额定功率为 13 kW 的电机，线圈重绕后试机，电机空载运行时转速正常，带上负载后，电机转速很慢，甚至不转。测得电源电压及各相电阻均正常，用钳形表测三相空载电流基本平衡，但电流值都偏小，请分析是什么原因造成这种现象？

（3）某机床用 4 kW 电机，接通电源后，电机不转动，只有嗡嗡声。拆下电机线，测电源侧均有电，三相电压也正常，绕组直流电阻也平衡，绝缘合格，机械转动灵活。后在开关下侧的电机引线上用钳形电流表测空载电流，结果两相有电流，一相无电流。这说明故障点在哪里？

项目九　兆欧表的使用

兆欧表又称为绝缘电阻测试仪，因为在工作时大多采用手摇发电机供电，所以俗称"摇表"，用来测量各种绝缘材料的电阻值以及变压器、电机、电缆及电器设备等的绝缘电阻的电工仪表。它的刻度是以兆欧（MΩ）为单位的。经常应用于线路、电动机绝缘性能检测，以保证电气设备及线路的正常运行。

兆欧表的分类很多。按照操作方式可分为手摇式、电动式；按照显示方式可分为数显式和指针式；按照功能特点可分为带吸收比及极化指数和不带吸收比及极化指数。

表明兆欧表规格的基本参数有：

1. 使用条件

环境温度：0 ℃ ~ +45 ℃；

相对湿度：≤85%

2. 输出电压等级、测量范围、分辨率、误差

输出电压等级：100 V、250 V、500 V、1 000 V；

测量范围：0 ~ 19 990 MΩ；

分辨率：0.01 MΩ，0.1 MΩ，1.0 MΩ，10.0 MΩ

相对误差：2 000 MΩ挡≤±5%（±2d），2 000 MΩ ~ 19 990 MΩ挡≤10%（±2d）。

3. 输出最高电压带载能力及短路电流

电压/负载：1 000 V/20 MΩ；

电压跌落：约10%；

短路电流：>1.6 mA。

4. 电源适用范围、功率损耗

直流：8×1.5 V（AA，R6）电池；

交流：220 V/50 Hz；

功耗：静态功耗≤160 mW，最大功率≤2.5 W。

手摇式兆欧表的主要结构是由一个手摇发电机、表头和三个接线柱（即 L：线路端、E：接地端、G：屏蔽端）以及刻度盘、指针、铭牌、使用说明、红色测试夹、黑色测试夹等组件构成。内部接线如图 9-1 所示，外观实物如图 9-2 所示。常用类型是 ZC 型。

数子式兆欧表大都由中大规模集成电路组成，输出功率大，短路电流值高，输出电压等级多。它的工作原理是：仪表内装有电池作为电源，经 DC/DC 变换产生的直流高压，由 E 极流出经被测物体到达 L 极，从而产生一个从 E 到 L 极的电流，经过 I/V 变换、除法器完成

运算直接将被测的绝缘电阻值由 LED 显示出来。如图 9-3 所示。

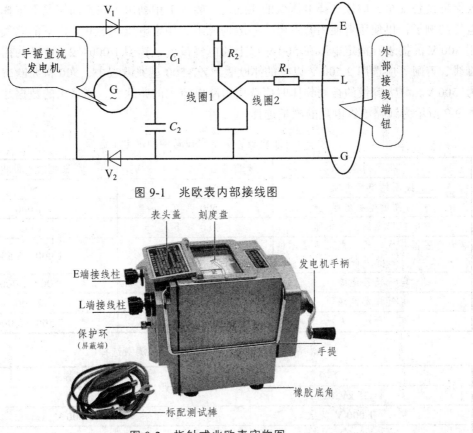

图 9-1 兆欧表内部接线图

图 9-2 指针式兆欧表实物图

数字兆欧表具有容量大、抗干扰强、指针与数字同步显示、交直流两用、操作简单、自动计算各种绝缘指标（吸收比、极化指数）、各种测量结果具有防掉电功能等特点。

常用的兆欧表有 ME20Z 系列指针式绝缘电阻测试仪、UT513 绝缘电阻测试仪、MEV-5000 绝缘电阻测试仪。

图 9-3 数字式兆欧表实物图

一、兆欧表的选用原则

1. 额定电压等级的选择

选择额定电压等级主要是选择兆欧表的电压及测量范围。高压电气设备绝缘材料要求耐压高，必须选用电压高的兆欧表进行测量；低压电气设备内部绝缘材料所能承受的电压不高，为保证设备安全，应该选择电压低的兆欧表。表 9-1 中列出了在不同情况下选择兆欧表额定电压的例子，供使用者使用时参考。一般情况下，额定电压在 500 V 以下的电气设备，应选用 500 V 的摇表；额定电压在 500 V 以上的电气设备，选用 1 000~2 500 V 的摇表；瓷瓶、母线、刀闸等应选用 2 500 V 以上的兆欧表。ZC-500 型兆欧表中，500 指兆欧表的额定电压为 500 V。测大容量的被测物体时应选用短路电流大的兆欧表，测量出的数据才会更稳定。表 9-2 所示为线路绝缘电阻的测量选择。

表 9-1　兆欧表测量电气设备的额定电压选择

被测对象	被测设备的额定电压/V	所选兆欧表的电压/V
线圈的绝缘电阻	500 以下	500
线圈的绝缘电阻	500 以上	1 000
发电机线圈的绝缘电阻	380 以下	1 000
电力变压器、发电机、电动机线圈的绝缘电阻	500 以上	1 000~2 500
电气设备绝缘	500 以下	500~1 000
电气设备绝缘	500 以下	2 500
瓷瓶、母线、刀闸	—	2 500~5 000

表 9-2　兆欧表线路绝缘电阻的测量选择

电压等级	选用摇表
35 kV 以上	5 000 V
1 000 V 以上	2 500 V
1 000 V 以下	1 000 V
不足 500 V	500 V
220 V	250 V
二次回路	1 000 V/500 V

2. 电阻量程范围的选择

指针式兆欧表的表盘刻度线上有两个小黑点，小黑点之间的区域为准确测量区域。所以在选表时应使被测设备的绝缘电阻值在准确测量区域内。数字式兆欧表按照估测电阻值选择量程。如图 9-4 所示为指针式兆欧表的表盘。

ZC-500 型兆欧表

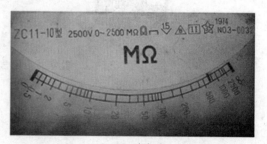

ZC 型表盘

图 9-4　指针式兆欧表与表盘

二、指针式兆欧表

（一）使用前的准备工作

1. 校表

将兆欧表水平放置,在未接上被测物之前,摇动手柄,使发电机达到额定转速(120 r/min),这时指针应当指在标尺的无穷大处（开路实验）;再将仪表的"L"和"E"接线柱直接短接,缓慢摇动发电机手柄,看指针是否指到"0"处（短路实验）。符合上述条件即为良好,否则不能使用。

2. 被测物理量的处理

（1）测量前必须切断被测设备的电源,并将设备的导电部分接地短路放电,以保证安全,从而获得正确的测量结果。

（2）用兆欧表测量过的设备或大电容设备还要进行接地放电,方可进行再次测量。

（3）为了获得正确的测量结果,被测设备的测试点应擦拭干净。

（二）指针式兆欧表的使用方法

1. 放置

必须将兆欧表水平放置于平稳牢固的地方,以免在摇动时因抖动和倾斜产生测量误差。

2. 正确接线

兆欧表有三个接线桩,"E"（接地）、"L"（线路）和"G"（保护环或叫屏蔽端子）。保护环 G 的作用是消除表壳表面"L"与"E"接线桩间的漏电和被测绝缘物表面漏电的影响,只有被测物体表面严重漏电时才与被测物的保护环连接。在测量电气设备对地绝缘电阻时,"L"用单根导线接设备的待测部位,"E"用单根导线接设备外壳。测电气设备内两绕组之间的绝缘电阻时,将"L"和"E"分别接两绕组的接线端。测量电缆的绝缘电阻时,为消除因表面漏电产生的误差,"L"接线芯,"E"接外壳,"G"接线芯与外壳之间的绝缘层。

3. 正确读数

（1）匀速摇动发电机,转速维持在 120 r/min 左右,允许 ±20 变化,大约持续 1 min 以上,待指针稳定后再读数。

（2）遇到含有大容量电容器的被测电路,应持续摇动一段时间,待电容器充电完毕,指针稳定后再读数。

（3）摇动中,若出现指针指向"0"处,说明被测设备有短路现象,应立即停止摇表,防止过电流烧毁线圈。

4. 动力线路对地绝缘电阻的测量

将兆欧表接线柱 E 可靠接地,接线柱 L 与被测线路连接。按顺时针方向由慢到快摇动兆欧表的发电机手柄约 1 min 时间,待兆欧表指针稳定后读数。这时兆欧表指示的数值就是被测线路的对地绝缘电阻值,单位是兆欧。如图 9-5（a）所示。

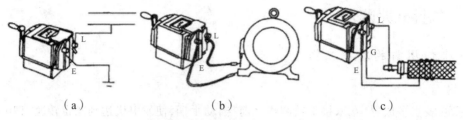

（a）　　　　　　　　　　（b）　　　　　　　　　　（c）

图 9-5　使用兆欧表测量绝缘电阻的接线示意图

5. 电动机绕组的绝缘电阻的测量

拆开电动机绕组的 Y 形或 △ 形连接的接线。用兆欧表的两接线柱 E 和 L 分别接电动机的两相绕组，如图 9-6 所示。摇动兆欧表的发电机手柄读数。此接法测出的是电动机绕组的相间绝缘电阻。电动机绕组对地绝缘电阻的测量接线如图 9-6 所示。接线柱 E 接电动机机壳（应清出机壳上接触处的漆或锈等），接线柱 L 接电动机绕组上摇动兆欧表的手柄读数，测量出电动机对地绝缘电阻。通常电动机绝缘电阻值不得低于 0.5 MΩ，否则必须进行绝缘处理。

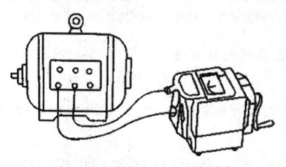

图 9-6　兆欧表测量相间绕组绝缘

6. 线缆绝缘电阻的测量

测量时的接线方法如图 9-7 所示。将摇表接线柱 E 接电缆外壳，接线柱 G 接电缆线芯与外壳之间的绝缘层上，接线柱 L 接电缆线芯，摇动兆欧表的发电机手柄读数。测量结果是电缆线芯与外壳的绝缘电阻值。

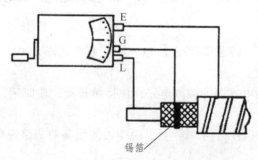

锡箔

图 9-7　兆欧表测量线缆的绝缘电阻

对于低压线缆，绝缘电阻值不得低于 0.5 MΩ。

兆欧表读数完毕后，要拆线放电。拆线时，不要触及引线的金属部分，然后将被测设备放电。放电方法是将测量时使用的地线从摇表上取下来，与被测设备短接一下即可（不是摇表放电）。

（三）使用注意事项

（1）兆欧表测量时应放在水平位置，并用力按住兆欧表，防止在摇动中晃动，摇动的转速为 120 转/分钟。

（2）兆欧表测量引线应采用单股多芯绞线分开单独连接，且要有良好的绝缘性能，不能使用双股绝缘线，以免绝缘不良，以免造成测量数据的不准确。

（3）兆欧表测量完毕，应立即对被测物放电，在摇表的摇把未停止转动和被测物未放电前，不可用手去触及被测物的测量部分或拆除导线，以防触电。

（4）被测物表面应擦拭干净，不得有污物（如漆等）以免造成测量数据不准确。

（5）禁止在雷电时或高压设备附近测绝缘电阻，只能在设备不带电，也没有感应电的情况下进行测量。

（6）完成大电容器设备的绝缘测试后，应在不停止发电机转动（降低手柄转速）的情况下拆除接地端导线，然后停止发电机的转动，以防止电容放电而损坏兆欧表。同时应对被测物体充分放电，以免造成伤害。

（7）定期校验兆欧表准确度。

三、数字式兆欧表

数字式兆欧表的整机电路设计以微机技术为核心，将大规模集成电路与数字电路相组合，配有强大的测量和数据处理软件，能够完成绝缘电阻、线路电压等参数测量，性能稳定，操作简便。表盘通常有两种结构，如图 9-8 和图 9-9 所示。

数字式兆欧表由数字显示屏、测试线连接插孔、背光灯开关、时间设置按钮、测量旋钮、量程调节旋钮等组件构成。

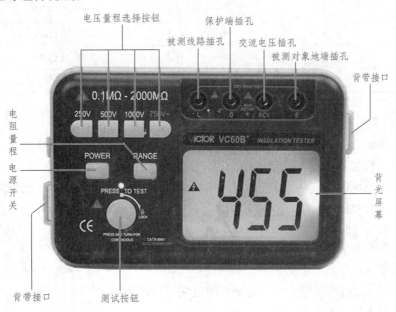

图 9-8 数字式兆欧表的实物外形

（一）数字式兆欧表的显示屏、显示符号及说明

图 9-9 为某数字式兆欧表的显示屏、显示符号及说明。

图 9-9

（二）测量前的准备和操作方法

（1）按下 ON/OFF 键 1 s 开机，开机时预设测试电压为 500 V，绝缘电阻连续测量挡。

（2）当液晶屏左侧电池标记显示仅剩一格时，说明电池几乎耗尽需要更换电池。在此状态下进行 500 V 和 1 000 V 输出电压测量，准确度将不受到影响。但是，如果电池标记为空格，说明电池电量已到最低极限，必须更换电池。电池标记与电池电压的对应关系见如表 9-3 所示。

表 9-3　电池标记与电池电压的对应关系

图标	电池电压
▭	5.9 ~ 10.6 V
▯	10.7 ~ 11.1 V
▮▯	11.2 ~ 12.1 V
▮▮▮	12.2 V 或更多

1. 电压测量（见图 9-10）

（1）将红测试线插入 "V" 输入端口，绿测试线插入 "COM" 输入端口。

（2）将红、绿鳄鱼夹接入被测电路，当测量直流电压时，若红测试线为负电压，则 "-" 负极标志显示在液晶屏上。

测量电压时必须注意：

（a）不要输入超过仪表说明书所规定的电压。仪表能够显示更高的电压是有可能的，但会有损坏仪表的风险。

（b）在测量高电压时，要特别注意避免触电。

（c）在完成所有的测量操作后，应断开测试线与被测电路的连接，并从仪表输入端拿掉测试线。

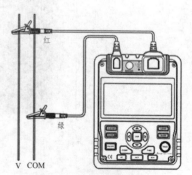

图 9-10　电压的测量

2. 绝缘电阻测量（见图 9-11）

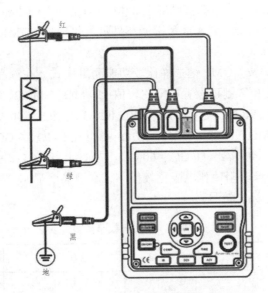

图 9-11 数字兆欧表对绝缘电阻的测量

1）操作时需要注意

（1）当 100 V 测量电阻低于 400 kΩ、250 V 测量电阻低于 800 kΩ、500 V 测量电阻低于 2 MΩ、1 000 V 测量电阻低于 4 MΩ时，测量时间不应超过 10 s。按 IR 键设置到绝缘电阻测量挡，无测试电压输出时，按▲和▼键选择测试电压（100 V/250 V/500 V/1 000 V）。

（2）在测量绝缘电阻前，待测电路必须完全放电，并且与电源电路完全隔离。将红测试线插入"LINE"输入端口，黑测试线插入"GUARD"输入端口，绿测试线插入"EARTH"输入端口。将红、黑鳄鱼夹接入被测电路，负极电压从 LINE 端输出。请勿在高压输出状态下短接两个测试表笔，或在高压输出之后再去测量绝缘电阻，这种不正确的操作极易产生电火花而引起火灾，还会损坏仪表本身。

2）绝缘电阻测量模式的选择

（1）连续测量。按 TIME 键选择连续测量模式，液晶屏上无定时器标志显示，此后按住 TEST 键 1 s 能够进行连续测量。输出绝缘电阻测试电压，测试红灯发亮，液晶屏上高压提示符 0.5 s 闪烁。测试完以后，压下 TEST 键，关闭绝缘电阻测试电压，测试红灯灭且无高压提示符，液晶屏上保持当前测量的绝缘电阻值。

（2）定时器测量。按 TIME 键选择定时器测量模式，液晶屏显示"TIME1"和定时器标志符号，用▲和▼键设置时间（00:10~15:00，1 min 内以 10 s 为步进，以后以 30 s 为步进），此后压下 TEST 键 2 s 能够进行定时器测量，液晶屏上 TIME1 标志 0.5 s 闪烁。当设定的时间到时自动结束测量，关闭绝缘电阻测试电压，液晶屏上显示绝缘电阻值。

（3）极化指数测量（能设置到任何时间）。按 TIME 键，液晶屏显示"TIME1"和定时器标志符号，用▲和▼键设置 TIME1 时间（00:10~15:00，1 min 内以 10 s 为步进，以后以 30 s 为步进），设置完 TIME1 以后，再按 TIME 键，显示屏显示"TIME2""PI"和定时器标志符号，用▲和▼键设置 TIME2 时间（00:15~15:30，1 min 内以 10 s 为步进，以后以 30 s 为步进）。此后压下 TEST 键 2 秒，当 TIME1 设定时间到之前，在液晶屏上 TIME1 标志 0.5 s 闪烁，当 TIME2 设定时间到之前，在液晶屏上 TIME2 标志 0.5 s 闪烁，在设定时间 TIME2 测量结束后，在显示屏显示 PI 值，用▲或▼键循环显示极化指数、TIME2 绝缘电阻值和 TIME1 绝缘电阻值。如表 9-3 所示。

（4）比较功能测量。按 COMP 键选择比较功能测量模式，在液晶屏显示"COMP"标志符号和电阻比较值，用▲和▼键可设置电阻比较值（10 MΩ、20 MΩ、30 MΩ、40 MΩ、50 MΩ、60 MΩ、70 MΩ、80 MΩ、90 MΩ、100 MΩ、200 MΩ、300 MΩ、400 MΩ、500 MΩ、600 MΩ、700 MΩ、800 MΩ、900 MΩ、1 GΩ、2 GΩ、3 GΩ、4 GΩ、5 GΩ、6 GΩ、7 GΩ、8 GΩ、9 GΩ、10 GΩ、20 GΩ、30 GΩ、40 GΩ、50 GΩ、60 GΩ、70 GΩ、80 GΩ、90 GΩ、100 GΩ），此后压下 TEST 键 2 s，当绝缘电阻值比电阻比较值小，在液晶屏显示"NG"标志符号，否则，在液晶屏显示"GOOD"标志符号。

表 9-3　极化指数选择表

极化指数	4 或更大	4~2	2.0~1.0	1.0 或更少些
标准	最好	好	警告	坏

3）操作特别注意

在测试绝缘电阻前，确定待测电路没有电存在，请勿带电测量。

（三）数字式兆欧表测量控制变压器的实验步骤

1. 查看待测变压器（见图 9-12）

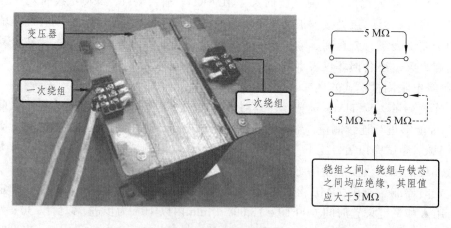

图 9-12　变压器

2. 调整数字式兆欧表的量程并连接表笔

将数字式兆欧表的量程调整为"500 V"挡，显示屏上也会同时显示量程为 500 V。然后将红表笔插入线路端"LINE"孔中，然后再将黑表笔插入接地端"EARTH"孔中。如图 9-13 所示。

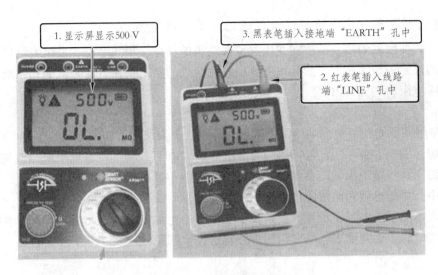

图 9-13　数字式兆欧表

3. 测试变压器一次绕组与铁心间的绝缘电阻

将数字式兆欧表的红表笔搭在变压器一次绕组的任意一根线芯上，黑色表笔搭在变压器的金属外壳上，按下数字式兆欧表的测试按钮，此时数字式兆欧表的显示盘显示绝缘电阻为"500 MΩ"。如图 9-14 所示。

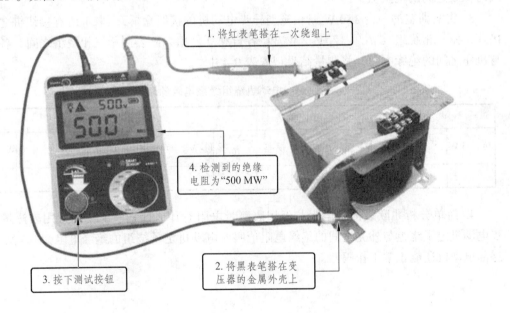

图 9-14　测试一次绕组与铁心间的绝缘电阻

4. 测试变压器二次绕组与铁心间的绝缘电阻

将数字式兆欧表的红表笔搭在变压器二次绕组的任意一根线芯上，黑色表笔搭在变压器的金属外壳上，然后按下数字式兆欧表的测试按钮，此时数字式兆欧表的显示盘显示绝缘电阻为"500 MΩ"。

5. 测试变压器一次绕组与二次绕组之间的绝缘电阻

将数字式兆欧表的红表笔搭在变压器二次绕组的任意一根线芯上，黑色表笔搭在变压器一次绕组的任意一根线芯上，然后按下数字式兆欧表的测试按钮，此时数字式兆欧表的显示盘显示绝缘电阻为"500 MΩ"。

注意：

（1）使用兆欧表测量线缆的绝缘电阻时，若兆欧表为线缆所加的电压为 1 000 V，线缆的绝缘电阻应达到"1 MΩ"以上。若所加载的电压为 10 kV 时，线缆的绝缘电阻应当达到"10 MΩ"以上才能说明该线缆绝缘性能良好。若线缆绝缘性能不能达到上述要求，在测量连接的电气设备过程中，可能导致短路故障的发生。

万用表不能反映电气设备在高压条件下工作时的绝缘电阻，因此不能用万用表的欧姆挡来测量绝缘电阻，而兆欧表就是专门用来进行这方面测量的仪表。

【实训与思考】

1. 用兆欧表测量一台指针式电压表的外壳与接线端子之间的绝缘电阻。

2. 用兆欧表测量一根 4 芯（$3 \times 0.5\ \text{mm}^2 + 1 \times 0.75\ \text{mm}^2$）橡套电缆的绝缘电阻（线与线，线与橡胶之间的电阻值）

3. 将实训室的一台 180 W 三相笼型异步电动机的接线盒拆开。取下所有接线桩之间的连接片，使三相绕组 U_1/U_2、V_1/V_2、W_1/W_2 各自独立。用兆欧表测量三相绕组之间、各相绕组与机座之间的绝缘电阻，将测量结果记入表 9-4 中。

表 9-4　电动机绕组绝缘电阻的测量

电动机额定值				兆欧表		绝缘电阻					
功率/kW	电流/A	电压/V	接法	型号	规格	U-V之间	U-W之间	V-W之间	U 对地相	V 相对地	W 相对地

4. 简单分析兆欧表测量电阻与万用表测量电阻有什么区别？能使用万用表测量三相异步电动机定子绕组与外壳之间的绝缘电阻值吗？电动机定子绕组的绝缘电阻为 0.1 MΩ，请问这部电动机还能正常工作吗？

项目十　接地电阻测量仪的使用

接地电阻是指埋入地下的接地体电阻和土壤散流电阻，通常采用 ZC 型接地电阻测量仪（或称接地电阻摇表）进行测量。ZC-8 型测量仪其外形与普通绝缘摇表差不多，所以也被称为接地电阻摇表。ZC 型摇表的外形结构随型号的不同稍有变化，但使用方法基本相同。

一、接地电阻测量仪的组成

接地电阻测试摇表由手摇发电机，电流互感器，滑线电阻及检流计等元件组成，全部工作机构封装在塑料壳内，外有皮壳便于携带。附件有辅助探棒导线等，装于附件袋内。

接地电阻测试摇表的接线端钮分 3 个和 4 个两种，结构如图 10-1 所示。有 4 个端钮时，应将"P_2"和"C_2"短接或分别接至被测接地体。3 端钮的接地电阻测试摇表的"P_2"和"C_2"接线端钮已经在内部短接，所以只引出一个端钮"E"，测量时直接将"E"接至被测接地体即可。端钮的"P_1"和"C_1"分别接上电压辅助电极和电流辅助电极，辅助电极应按规定的距离和夹角插入地中，以构成电压和电流辅助电极。为扩大仪表的量程，测量仪的电路中接有三组不同的分流电阻，对应可以得到 0-1 欧、0-10 欧和 0-100 欧三个量程，由于测量不同大小的接电阻值。

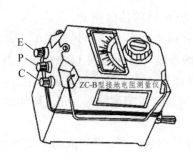

（a）3 端钮接地电阻测试仪

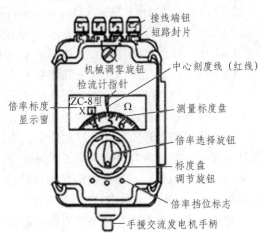

（b）4 端钮接地电阻测试仪

图 10-1　ZC-8 型接地电阻测量仪

测量时，手摇仪表的摇把，使仪表内部的发电机产生一个交变电流的恒流源。当测量接地电阻时，恒流源 E 端和 C 端向接地体和电流辅助电极送入交变电流，该电流在被测体上产生相应的交变电压值，仪表在 E 端和电压辅助电极 P 端，检测到这个交表电压值，数据经过电路处理后，显示出被测接地体在所施加的交变电流下的电阻值。

二、接地电阻测量仪的使用

接地电阻测试摇表的使用方法和测量步骤如下（见图 10-2）：

（1）拆开接地干线与接地体的连接点，或拆开接地干线上所有接地支线的连接点。

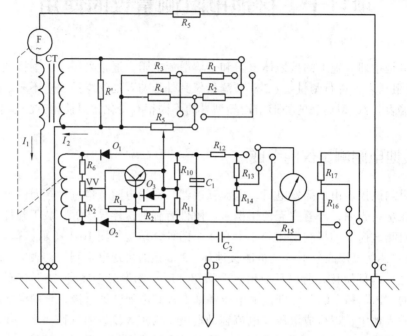

图 10-2　接地电阻测试摇表的工作原理图

（2）将两根接地棒分别插入地面 400 mm 深，一根离接地体 40 m 远，另一根离接地体 20 m 远。

（3）把摇表置于接地体近旁平整的地方，然后进行接线。

（a）用一根连接线连接表上接线桩 E 和接地装置的接地体 E′。

（b）用一根连接线连接表上接线桩 C 和离接地体 40 m 远的接地棒 C′。

（c）用一根连接线连接表上接线桩 P 和离接地体 20 m 远的接地棒 P′。

（4）根据被测接地体的接地电阻要求，调节粗调旋钮（上有 3 挡可调范围）。

（5）将"倍率开关"置于最大倍率。逐渐加快摇柄转速，使其达到 150 r/min。当检流计指针向某一方向偏转时，随即调节微调拨盘，直至表针居中为止。以微调拨盘调定后的读数，去乘以粗调定位倍数，即是被测接地体的接地电阻。例如，微调读数为 0.6，粗调的电阻定位倍数是 10，则被测的接地电阻是 6 Ω。

如刻度盘读数小于 1 时仍未取得平衡，可将倍率开关调小一挡，直到取得完全平衡为止。若发现仪表检流计指针有抖动现象，可变化摇柄转速，以消除该现象。若仪表检流计灵敏度过低，可在探棒周围注水或以盐水湿润。

（6）为了保证所测接地电阻值的准确，应改变方位重新进行复测。取几次测得值的平均值作为接地体的接地电阻值。

接地电阻测试摇表使用时注意事项：

（a）禁止在有雷电或被测物体带电时进行测量。

（b）仪表携带、使用时必须小心轻放、避免剧烈震动。

项目十一　电导率测量与电导率仪的使用

电导率是表征物体导电能力的物理量，其值为物体电阻率的倒数，单位是西门子每厘米（S/cm）或微西门子每厘米（μS/cm）。电导率是用来表示各种物质电阻特性的物理量，电导率越大则导电性能越强，反之越小。

一、电导率的测量

电导率的测量通常是指溶液的电导率测量。固体导体的电阻率可以通过欧姆定律和电阻定律测量。电解质溶液电导率的测量一般采用交流信号作用于电导池的两电极板，由测量到的电导池常数 K 和两电极板之间的电导 G 而求得电导率 σ。

电导率测量中最早采用的是交流电桥法，它直接测量的是电导值。最常用的仪器有常数调节器、温度系数调节器和自动温度补偿器，仪表部分由电导池和温度传感器组成，可以直接测量电解质溶液电导率。

二、溶液的电导率测量原理

电导率的测量原理是将相互平行且距离为固定值 L 的两块极板（或圆柱电极）放到被测溶液中，在极板的两端加上一定的电势（为了避免溶液电解，通常为正弦波电压，频率为 1～3 kHz）。然后通过电导仪测量极板间电导。

电导率的测量需要两方面信息。一个是溶液的电导 G，另一个是溶液的电导池常数 Q。电导可以通过电流、电压的测量得到。

根据关系式 $K=Q×G$ 可以得到电导率的数值。这一测量原理在直接显示测量仪表中得到广泛应用。

$$Q=L/A$$

式中　A——测量电极的有效极板面积；

　　　L——两极板的距离。

Q 称为电极常数。在电极间存在均匀电场的情况下，电极常数可以通过几何尺寸算出。当两个面积为 1 cm² 的方形极板之间相隔 1 cm 组成电极时，此电极的常数 $Q=1$ cm⁻¹。如果用此对电极测得电导值 $G=1\,000$ μS，则被测溶液的电导率 $K=1\,000$ μS/cm。

一般情况下，电极常形成部分非均匀电场。此时，电极常数必须用标准溶液进行确定。标准溶液一般都使用 KCl 溶液。这是因为 KCl 的电导率在不同的温度和浓度下非常稳定。0.1 mol/L 的 KCl 溶液在 25 ℃ 时电导率为 12.88 mS/cm。

所谓非均匀电场（也称作杂散场、漏泄场）没有常数，而是与离子的种类和浓度有关。因此，一个纯杂散场电极是最复杂的电极，通过一次校准不能满足较宽的测量范围需要。

1. 电导电极的种类

电导电极一般分为二电极式和多电极式两种类型。

二电极式电导电极是目前国内使用最多的电导电极类型，实验式二电极式电导电极的结构是将两片铂片烧结在两片平行玻璃片上，或圆形玻璃管的内壁上，调节铂片的面积和距离，就可以制成不同常数值的电导电极。通常有 $K=1$，$K=5$，$K=10$ 等类型。而在线电导率仪上使用的二电极式电导电极常制成圆柱形对称的电极。当 $K=1$ 时，常采用石墨，当 $K=0.1$ 时，材料可以是不锈钢或钛合金。

多电极式电导电极一般在支持体上有几个环状的电极，通过环状电极串、并联的不同组合，可以制成不同常数的电导电极。环状电极的材料可以是石墨、不锈钢、钛合金和铂金。

电导电极还有四电极类型和电磁式类型。四电极电导电极的优点是可以避免电极极化带来的测量误差，在国外的实验式和在线式电导率仪上较多使用。电磁式电导电极的特点是适宜于测量高电导率的溶液，一般用于工业电导率仪中，或利用其测量原理制成单组分的浓度计，如盐酸浓度计、硝酸浓度计等。

2. 电导电极常数

根据公式 $K=S/G$，电极常数 K 可以通过测量电导电极在一定浓度的 KCl 溶液中的电导 G 来求得，此时 KCl 溶液的电导率 S 是已知的。

由于测量溶液的浓度和温度不同，以及测量仪器的精度和频率不同，电导电极常数 K 有时会出现较大的误差。使用一段时间后，电极常数也可能会有变化。因此，新购的电导电极，以及使用一段时间后的电导电极，应重新测量标定电极常数，电导电极常数测量时应注意以下几点：

（1）测量时应采用配套使用的电导率仪，不要采用其他型号的电导率仪。

（2）测量电极常数的 KCl 溶液的温度以接近实际被测溶液的温度为好。

（3）测量电极常数的 KCl 溶液的浓度以接近实际被测溶液的浓度为好。

3. 温度补偿

电导率测量是与温度相关的。温度对电导率的影响程度依溶液的不同而不同，可以用下面的公式求得：

$$G_t = G_{tcal}[1 + \alpha(T - T_{cal})]$$

其中：G_t=某一温度（℃）下的电导率，G_{tcal}=标准温度（℃）下的电导率，T_{cal}=温度修正值，α=标准温度（℃）下溶液的温度系数。

下表列出了常用溶液的 α 值。要得到其他溶液的 α 值，只要测量某个温度范围内的电导率，并以温度为横轴绘出图形。如图 11-1 所示。

电导率/(西门子/厘米)

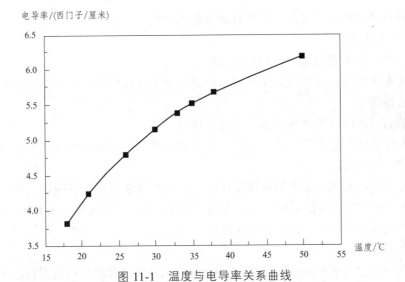

图 11-1　温度与电导率关系曲线

在相应的电导率变化曲线上，与标准温度相对应的曲线点为该溶液的 α 值。

市场上销售的所有电导仪都可以参照标准温度（通常为 25℃）进行调节的或自动温度补偿。可调节温度补偿的电导仪可以把 α 调节到更加接近所测溶液的 α。

三、电导率仪的用途

电导率仪是实验室电导率测量仪表，它除能测定一般液体的电导率外，还能满足测量高纯水的电导率的需要。仪器有 0～10 mV 信号输出，可连接自动电子电位差计进行连续记录。电导率仪是食品厂、饮用水厂办理 QS、HACCP 认证的必备检验设备。如图 11-2 所示。

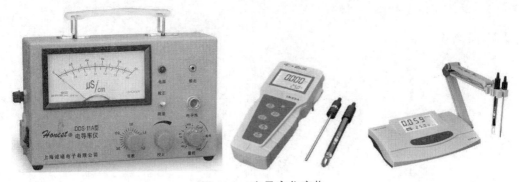

图 11-2　电导率仪实物

四、电导率仪的使用与注意事项

1）使用方法

（1）检查指针是否指零，如果不指零调节电导率仪上的调零旋钮。

（2）将电导率仪调节到校正挡，指针指向最大刻度。

（3）按照电极常数调节旋钮，测量时调节到测量挡。

2）使用注意事项

（1）电极的引线不能潮湿，否则将测不准。

（2）高纯水被盛入容器后应迅速测量，否则电导率升高很快，因为空气中的 CO_2 溶入水里会变成碳酸根离子。

（3）盛被测溶液的容器必须清洁，无离子玷污。

（4）切勿在有爆炸危险的环境下工作，仪表外壳并非气密型，可能因火花或侵入气体引起的腐蚀而产生爆炸危险。

（5）务必将任何溅到仪表上的液体立即擦干，某些溶液可能会腐蚀仪表外壳。

（6）避免下列环境因素的影响：剧烈振动、阳光直射、大气湿度大于80%、腐蚀性气体、温度低于 5 ℃ 或高于 40 ℃、强电场或强磁场。

实训与思考

取一根截面面积为 0.5 mm^2、长度为 100 mm 的铜导线，利用学过的资料，计算这段铜导线的电阻。再利用仪表测量这段导线的电导率。验证电导率的测量值和实际计算值有多少差异？使用仪表测量这截铜导线电导率的方法是哪种测量？

项目十二 直流单臂电桥的使用

工程上将电阻值为 $1\ \Omega \sim 0.1\ M\Omega$ 的电阻称为中等电阻。通常测量这种阻值的方法是用万用表进行测量，但是测量误差较大；也可以选用伏安表测量电阻的方法，其测量误差也比较大。通常需要精密测量时，可选用惠斯顿电桥法。直流单臂电桥是一种比较式仪表，是专门用来测量中等电阻的精密测量仪表。这种测量的缺点是设备费用高，操作比较麻烦。

直流单臂电桥也叫惠斯顿电桥。如图 12-1 所示。

图 12-1 单臂直流电桥实物图

一、直流单臂电桥的工作原理

电桥是由 4 个支路组成的电路。各支路称为电桥的"臂"。如图 12-2 所示，电路中有一未知电阻 R_X，一对角线中接入直流电源 E，另一对角线接入检流计 G。可以通过调节 R_S 的大小，使检流计 G 中无电流通过，这时电桥平衡。电桥相对臂电阻的乘积相等。这就是电桥的平衡条件。根据电桥的平衡条件，若已知其中三个臂的电阻，就可以计算出另一个桥臂电阻，因此，单臂直流电桥测量电阻的计算公式为未知电阻 $R_X = R_1 \cdot R_S / R_2$。

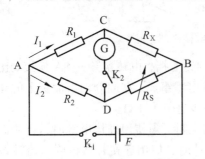

图 12-2 直流单臂电桥工作原理图和外形图

图 12-2 中，电阻 R_1、R_2 为电桥的比率臂，R_X 为待测臂，R_S 为比较臂，R_S 作为比较的标准，实验室常用电阻箱。由上式可以看出，待测电阻 R_X 由比率值 K 和标准电阻决定。

二、QJ23 型直流单臂电桥

QJ23 型单臂直流电桥，测量 1 ~ 10 MΩ的电阻极为方便，具有内附指零仪和电源，整个测量机构装在金属外壳内，轻巧且便于携带，适用于实验室及工作现场使用。

主要技术指标：

（1）总有效量程：1 Ω ~ 9.999 MΩ。

（2）测量盘：（1000+100+10+1）×（0 ~ 9）Ω。

（3）量程系数：×0.001、×0.01、×0.1、×1、×10、×100、×1 000。

（4）温度、相对湿度适用范围：有效量程≥10^6 Ω为 10 ℃ ~ 30 ℃、25% ~ 75%；有效量程 < 10^6 Ω为 5 ℃ ~ 35 ℃、25% ~ 80%。

（5）内附电源：3 V（1#）干池两节，9V6F22 叠层电池一节。

QJ23 型单臂直流电桥主要由比例臂、比较臂、放大器、指零仪及电池组成。比较臂由四个十进盘组成，最大可调 11 110 Ω，最小步进为 1 Ω。放大器接在指零仪的输入端，以提高指零仪的灵敏度。所有线绕电阻均采用高稳定性锰铜电阻丝，以无感方式绕制在磁骨架上。其工作原理如图 12-3 所示，面板如图 12-4 所示。

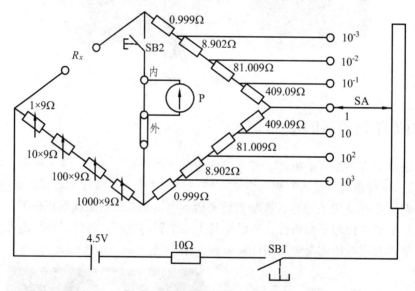

图 12-3　QJ23 型电桥内部电路

它的比例臂 R_2/R_3 由 8 个标准电阻组成，共分为七挡，由转换开关 SA 换接。比例臂的读数盘设在面板左上方。比例臂 R_4 由 4 个可调标准电阻组成，它们分别由面板上的 4 个读数盘控制，可得到从 0 ~ 9 999 Ω的任意电阻值，最小步进值为 1 Ω。

面板上标有 "Rx" 的两个端钮用来连接被测电阻。当使用外接电源时，可从面板左上角标有 "B" 的两个端钮接入。如需使用外附检流计时，应用连接片将内附检流计短路，再将外附检流计接在面板左下角标有 "外接" 的两个端钮上。

电桥中的流量计在测量过程中起判断桥路有无电流的作用，只要检流计有足够的灵敏度来反映桥路电流的变化，则电阻的测量结果与检流计的精度无关。由于标准电阻可以制作得比较精密，所以利用电桥的平衡原理测电阻的准确度可以很高，大大优于伏安法测电阻，这也是电桥应用广泛的重要原因。

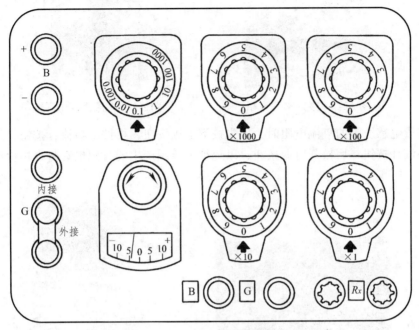

图 12-4　QJ23 型电桥面板图

三、直流单臂电桥的使用

利用电桥测量电阻是一种比较精密的测量方法，如果使用不当，不仅达不到应有的测量准确度，还可能损坏仪表。

基本操作步骤：检查直流单臂电桥→调整检流计零位→估测被测电阻值→选择适当的比例臂→测试→维护保养。

（1）调整检流计零位。测量前应先将检流计开关拨向"内接"位置，即打开检流计的锁扣。然后调节调零器，使指针指在零位。如图 12-5 所示。

（2）用万用表的欧姆挡估测被测电阻值，得出估计值。如图 12-6 所示。

图 12-5　调整检流计零位　　　　图 12-6　估测被测电阻值

（3）接入被测电阻时，应采用较粗较短的导线，并将接头拧紧。如图 12-7 所示。

（4）根据被测电阻的估计值，选择适当的比例臂，使比较臂的四挡电阻都能被充分利用，从而提高测量的准确度。例如，被测电阻约为几十欧姆时，应选用 ×0.01 的比例臂；被测电阻约为几百欧时，应选用 ×0.1 的比例臂；几千欧姆时，应选用 1 的比例臂。如图 12-8 所示。

图 12-7　接入被测电阻

图 12-8　选择适当比例臂

（5）测量电感线圈的直流电阻时，应先按下电源按钮，再按下检流计按钮；测量完毕，应先松开检流计按钮，后松开电源按钮；以免被测线圈产生的自感电动势损坏检流计，如图 12-9 所示。

图 12-9　按钮操作

图 12-10　检流计指针

（6）电桥电路接通后，若检流计指针指向"＋"方向偏转，应增大比较臂电阻；反之应减小比较臂电阻，如图 12-10 所示。

（7）电桥检流计平衡时，读取被测电阻值 = 比例臂读数 × 比较臂读数。

（8）电桥使用完毕，应先切断电源，然后拆除被测电阻，最后将检流计锁扣锁上。

因为电桥型号较多，使用电桥时，一定严格按照电桥的使用说明书具体操作。

四、直流单臂电桥注意事项

1）一般注意事项

（1）使用前应先检查内附电池，电池容量不足时会影响测量的准确度，要及时更换电池。

（2）连接导线应尽量短而粗，接点漆膜或氧化层应刮干净，接头要拧紧，以防止因接触不良影响准确度或损坏检流计。

（3）采用外接电源时，必须注意电源的极性，且不要使电源电压值超过电桥的规定值。

（4）长期不用的电桥，应取出内附电池，把电桥放在通风、阴凉的环境中保存。

（5）要保证电桥的接触点接触良好，若发现接触不良，可拆去外壳，用蘸有汽油的纱布清洗，并旋转各旋钮，清除接触面的氧化层，再涂上一层薄薄的中性凡士林。

2）特殊情况下的注意事项

（1）在对含有电容的元件进行测量时，应先放电 1 min 再进行测量。

（2）当需要考虑温度对被测电阻的影响时，应记录下测量时被测元件值，将测得电阻值换算成 75 ℃ 时的阻值。

（3）进行精密测量时，为消除附加电动势的影响，在测量过程中应改变电源极性，进行两次测量，取其平均值作为测量结果。

（4）如果检流计需要外接时，将检流计接入"外接"端钮，并短接"内接"端钮。

（5）如果需要外接电源时，必须根据电桥说明书选择合适的电压。为保护检流计，在电源支路上最好串接一个可调电阻，且在测量时，逐渐减小该电阻的值，以提高电桥的灵敏度。

五、电桥的简单维护

电桥属于精密测量仪器，日常应对其加强维护保养。主要包括：

（1）每次使用前，必须将转盘来回旋转几次，以使电刷与电阻丝接触良好。

（2）电桥必须定期清洗开关、电刷的接触点，清洗周期可按使用的频率定为 1 ~ 3 个月一次。清洗方法：先用绸布擦去接触点和电刷上的污物，然后用无水酒精清洗，再涂上防锈油。

（3）电桥不应受阳光和发热体的直接照射，使用完后要盖好盖子，且存放处应有防潮措施。

（4）在搬移时，应当小心谨慎，轻拿轻放。搬移前应检查检流计的锁扣是否锁好，是否已将检流计短接。

（5）注意不要让细小的金属物特别是导线的断股铜丝掉入电桥内，以免造成短路或降低其绝缘水平。

（6）仪器长期不用时，应将内附电池取出。注意电池型号，发现灵敏度不能满足需要时，应更换相同型号的电池。

【实训与思考】

1. 使用一台 QJ23 直流单臂电桥和一只万用表，分别测量碳质电阻（100 Ω、330 Ω、680 Ω、1.2 kΩ各一个）的电阻值。

（1）观察实际直流单臂电桥面板的布置，了解各旋钮的作用。

（2）使用不同的仪表测量 4 个电阻的阻值，将测量结果记录于表 12-1 中。

表 12-1　直流单臂电桥测量记录

碳质电阻	标称值/ Ω	单臂直流电桥	万用表
R_1	100		
R_2	330		
R_3	680		
R_4	1200		

2. 完成下列实验：

（1）实验内容：箱式单臂电桥测量电阻的准确值；计算电阻标称值的误差；做一份实验报告书。

（2）实验仪器：QJ23 单臂直流电桥；标称值分别为 18 kΩ、8.2 kΩ、180 Ω的电阻；直流稳压电源电压。

（3）实验目的：① 理解并掌握单臂电桥测电阻的原理；② 学习用箱式单臂电桥测中值电阻。

3. 电桥法测量电阻的原理是什么？如何判断电桥平衡？用直流单臂电桥测量电阻时，比率臂应怎样选取才能保证测量有较高的准确度？

4. 用单臂电桥测量三相异步电动机（Y112M-4，7.5 kW）的绕组阻值。

5. 用 QJ23 单臂直流电桥测量一只 275 Ω左右的电阻，已知比例臂可由（×0.001）调到（×1000），调节臂能按 1 Ω的级差从 0 调到 9 999 Ω，问比例臂如何选择？说明理由。

项目十三 直流双臂电桥的使用

在电气工程中，常常需要测量小电阻的阻值，如金属材料的电阻率、分流器的电阻值和一些低阻值的线圈电阻等。小电阻的测量是指 1 Ω以下的电阻的测量。为了获取准确的小电阻测量值，通常使用开尔文电桥来进行测量。

直流双臂电桥又称"开尔文电桥"，是一种比较式测量仪表，专门用于测量 1 Ω以下小电阻的精密测量仪表。如图 13-1 所示。

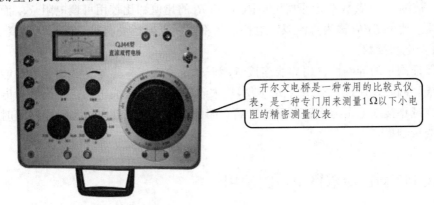

> 开尔文电桥是一种常用的比较式仪表，是一种专门用来测量1 Ω以下小电阻的精密测量仪表

图 13-1 直流双臂电桥实物

一、直流双臂电桥工作原理

直流双臂电桥工作原理电路如图 13-2 所示。

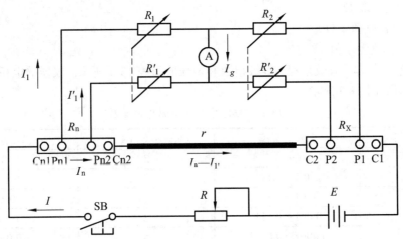

图 13-2 直流双臂电桥工作原理电路

图中 R_X 是被测电阻，R_n 是比较用的可调电阻。R_X 和 R_n 各有两对端钮，C1 和 C2、Cn1 和 Cn2 是电流端钮，P1 和 P2、Pn1 和 Pn2 是电位端钮。接线时必须使被测电阻 R_X 只在电位端钮 P1 和 P2 之间，而电流端钮在电位端钮的外侧，以此减少接线电阻与接触电阻对测量结果的影响。比较用可调电阻的电流端钮 Cn2 与被测电阻的电流端钮 C2 用电阻为 r 的粗导线连接起来。R_1、R_1'、R_2 和 R_2' 是桥臂电阻，其阻值均在 10 Ω以上。在结构上把 R_1 和 R_1' 以及 R_2 和 R_2' 做成同轴调节电阻，以便改变 R_1 或 R_2' 的同时，R_1' 和 R_2' 也会随之变化，并能始终保持：

$$\frac{R_1'}{R_1} = \frac{R_2'}{R_2}$$

测量时，接上 R_X 调节各桥臂电阻使电桥平衡。此时，因为 $I_g = 0$，可得到被测电阻 R_X 为：

$$R_X = \frac{R_2}{R_1} R_n$$

可见，被测电阻 R_X 仅决定于桥臂电阻 R_2 和 R_1 的比值和比较用可调电阻 R_n，而与粗导线电阻 r 无关。比值 R_2/R_1 称为直流双臂电桥的倍率。所以电桥平衡时，被测电阻值=倍率读数×比较用可调电阻读数。

为了保证测量的准确性，用导线连接 R_X 和 R_n 电流端钮，应尽量选用导电性能良好且短而粗的导线。同时，保证 R_1、R_1'、R_2 和 R_2' 均大于 10 Ω，且接线正确，直流双臂电桥就可较好地消除或减小接线电阻与接触电阻的影响。因此，用直流双臂电桥测量小电阻时，能得到较准确的测量结果。

二、QJ42 型直流双臂电桥的使用

QJ42 型直流双臂电桥是一种经常使用的、用于测量 1 Ω以下的电阻的电桥。这种仪器的基本误差允许极限由下列式子表示：

$$E_{lim} = \pm C\%(R_N/10 + X)$$

式中　E_{lim} —— 允许的基本误差极限；

　　　　C —— 等级指数；

　　　　R_N —— 基准值（Ω）；

　　　　X —— 标度盘示值（Ω）。

仪器的量程倍率、有效量程、等级指数和基准值如表 13-1 所示。仪器的电桥电路原理图和面板示意图如图 13-3 所示。

表 13-1　QJ42 型直流双臂电桥参数

量程倍率	有效量程/Ω	等级指数（C）	基准值/Ω
×1	1～11	2	10
×10^{-1}	0.1～1.1	2	1
×10^{-2}	0.01～0.11	2	0.1
×10^{-3}	0.001～0.011	2	0.01
×10^{-4}	0.0001～0.0011	5	0.001

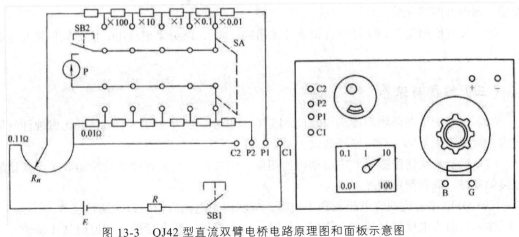

图 13-3 QJ42 型直流双臂电桥电路原理图和面板示意图

（一）使用方法

（1）在 QJ42 型直流双臂电桥机箱背面电池盒中装上 5 节 1 号干电池，或在外接电源接线柱"B 外"上接入 1.5 V 直流电源，并将"电源选择"开关拨向相应的位置。电子检流计用 1 节 9 V 的 6F22 叠层电池。

将 QJ42 型直流双臂电桥与交流 220 V 电源接通。

（2）将"B1"指向"通"，把指零仪指针调到"0"位。

（3）将被测电阻 R_X 按图 13-4 所示的四端接线法接在电桥相应的接线柱上。其中，AB 两点之间为被测电阻 R_X，AP1 和 BP2 为电位端引线，AC1 和 BC2 为电流端引线。

（4）用"灵敏度"调节电位器调低检流计灵敏度，估计被测电阻的阻值，将倍率开关旋到适当的位置上，按下按钮"G"和"B"，并调节读数盒，使指零仪的指针重新回到零位（即电桥平衡），再提高灵敏度，重新调节读数盒，使检流计的指针指零，则被测电阻的电阻值为

$$R_X = M \cdot X$$

其中　M——倍率开关示值；

　　　　X——读数盘示值。

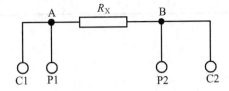

图 13-4 被测电阻的四端接线法

（二）注意事项

（1）测量 0.0001～0.0011 Ω 时，电位端引线 AP1、BP2 和电流端引线 AC1、BC2 的导线电阻应小于 0.01 Ω。

（2）测量 0.0001～0.01 Ω 时，工作电流较大，按钮"B"应间歇使用。

（3）测量具有大电感的电阻时，为了防止损坏指零仪，接通时应先按"B"，后按"G"

按钮。而断开时应先放"G"，后放"B"按钮。

（4）仪器使用完毕，应将所有钮子开关指向"断"，以免无谓放电；仪器应尽快与电源分离。

（三）维护与保养

（1）一起应放在环境温度为 20 ℃±15 ℃，相对湿度为 25%～80%，并无腐蚀性气体的室内，避免阳光暴晒，严防剧烈震动。

（2）仪器初次使用或隔一定时期再使用前，应将倍率开关和读数盒旋动数次，使接触部分接触良好，确保测量精度。

（3）QJ42 型直流双臂电桥长期不用时，应将内附电池取出，以防腐蚀机件。

注意：因为电桥型号较多，使用电桥时，一定严格按照电桥的使用说明具体操作。

【实训与思考】

1. 比较万用表、兆欧表、欧姆表、直流单臂电桥、直流双臂电桥在测量电阻时，应用上有什么不同？指出各仪表测量电阻的精度有哪些差异？这些仪表的测量方式属于哪种测量？

2. 使用一台直流双臂电桥，准备铜导线、铝导线若干（0.5 mm²），按要求完成下列实验内容：

（1）观察实际直流双臂电桥面板的布置，了解各旋钮的作用。

（2）先按照正确接线测量铜、铝导线的电阻，再将直流双臂电桥接线的电位端钮 P1、P2 和 C1、C2 接错进行测量，将两次测量结果记入表 13-2 中并且加以比较。

表 13-2　直流双臂电桥电桥测量记录

序号	铜导线电阻/Ω		铝导线电阻/Ω	
	正确接法	错误接法	正确接法	错误接法
1				
2				

项目十四　电度表的使用

用来计量有功电能的仪表称为有功电能表（又叫千瓦小时表），俗称"电度表"或"电表"，也叫电能表。是一种广泛用于电力、工农业生产及家庭用户的电工仪表。如图 14-1 所示。

图 14-1　电度表

电度表计量的是一定时间内电能的多少。国际单位为焦耳（J），电力工程上的单位是度或千瓦·时（kW·h）。1 千瓦·时 = 1 度 = 3.6×10^6 焦耳

电度表有单相电度表和三相电度表两种。其中，三相电度表可分为有功电度表和无功电度表。依据工作原理，电度表又分为感应式电度表和电子式电度表。感应式电度表具有结构简单、电流特性好、性能稳定、维护工作量少等优点；电子式电度表具有准确度高、计量准确、便于控制、功耗小、防窃电等优点，但不便于应用在经常停电的场所，其内部装有电池，需要定期更换。

感应式单相电度表工作原理如图 14-2 所示。当电度表接入被测电路后，被测电路电压加在电压线圈上，被测电路电流通过电流线圈后，产生两个交变磁通穿过铝盘，这两个磁通在时间上相同，分别在铝盘上产生涡流。由于磁通与涡流的相互作用而产生转动力矩，使铝盘转动。制动磁铁的磁通，也穿过铝盘，当铝盘转动时，切割此磁通，在铝盘上感应出电流，此电流和制动磁铁的磁通相互作用而产生一个与铝盘旋转方向相反的制动力矩，使铝盘的转速达到均匀。由于磁通与电路中的电压和电流成比例，因而铝盘转动与电路中所消耗的电能成比例，也就是说，负载功率越大，铝盘转得越快。铝盘的转动经过蜗杆传动计数器，计数器就自动累计线路中实际消耗的电能。

电子式电度表是利用电子电路来测量电能的，用分压电阻或电压互感器将电压信号变成可用于电子测量的小信号，用分流器或电流互感器将电流信号变成可

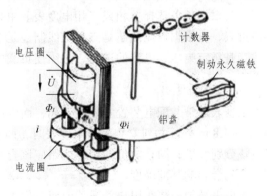

图 14-2　感应式单相电度表工作原理

用于电子测量的小信号，利用专用的电能测量芯片将变换好的电压、电流信号进行模拟或数字乘法，并对电能进行累计，然后输出频率与电能成正比的脉冲信号。脉冲信号驱动步进马达带动机械计度器显示，或送微机处理后进行数码显示。如图 14-3 所示。

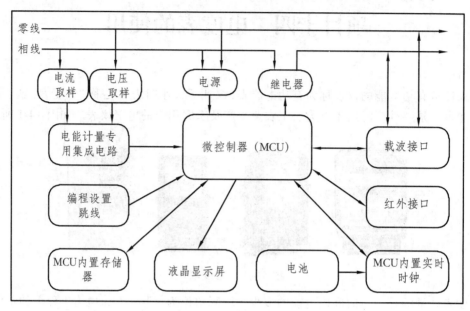

图 14-3　电子式电度表工作原理

一、电度表的主要系列型号

电度表根据用途的要求，可选择不同系列。电度表常用系列有：DD 系列——单相电度表；DS 系列——三相三线电度表；DT 系列——三相四线有功电度表；DX 系列——三相无功电度表。

二、电度表的安装与使用

1. 合理选择电度表

一是根据任务选择单相或三相电度表。单相电度表依据所带负载的大小来选择，对于三相电度表，应根据被测线路是三相三线制还是三相四线制来选择。

二是额定电压、电流的选择，必须使负载电压、电流等于或小于其额定值。

2. 安装电度表

电度表通常与配电装置安装在一起，而电度表应该安装在配电装置的下方，其中心距地面 1.5 ~ 1.8 m 处。并列安装多只电度表时，两表间距不得小于 200 mm。不同电价的用电线路应该分别装表；同一电价的用电线路应该合并装表。安装电度表时，必须使表身与地面垂直，否则会影响其准确度。

电度表必须安装在用户总开关前面。如 14-4 所示为实物接线图。

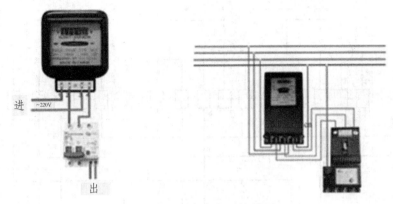

图 14-4　电度表实际接线图

3. 正确接线原则

应根据说明书和接线图的要求，把进线和出线依次对号接在电度表的出线头上。接线时注意电源的相序关系，特别是无功电度表更要注意相序。接线完毕后，要反复查对无误后才能合闸使用。

4. 正确的读数

100 A 以下都采用直读表，当电度表不经互感器而直接接入电路时，可以从电度表上直接读出实际电度数（注意单相感应式电表最后一位数字不读（如仪表显示为 $\boxed{1}\boxed{2}\boxed{3}\boxed{4}$ 时，读数为 123 度。最后一位是估计数字，不读取）。电度表超过 100 A 时，才利用电流互感器或电压互感器扩大量程。这时，实际消耗电能应为电度表的读数乘以电流变比或电压变比。如电度表标有 "10×千瓦·小时" 或 "100×千瓦·小时" 字样时，应将表的读数乘以 10 或 100 倍才是被测电能值。

三、电度表的常见接线方式

1. 直读表的接线方式

单相电度表的接线方式有跳入式和顺入式两种。具体接线必须根据测量方式、线路要求以及电度表接线面板后的接线图进行接线。几种电度表常用的接线类型如图 14-5、14-6、14-7、14-8 所示。

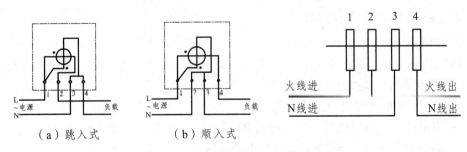

（a）跳入式　　　　（b）顺入式

图 14-5　单相电度表的两种接线方式

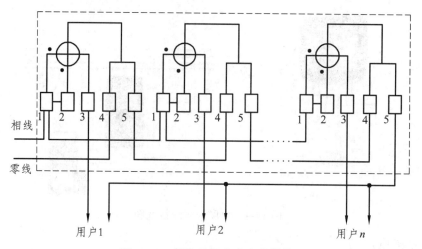

图 14-6　多段单相电度表的接线

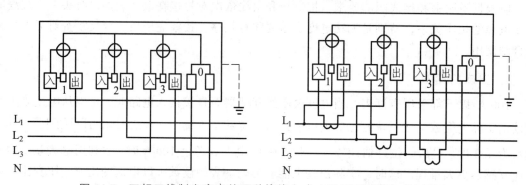

图 14-7　三相四线制电度表的两种接线方式（用于不对称负载测量）

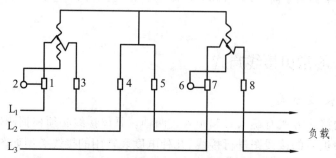

图 14-8　三相三线电度表接线（用于对称负载测量）

2. 带互感器的电度表接线方式

工业用的电度表，超过 100 A 才配电流互感器。单相电度表 3~12 A 的配 100（或其他规格）/5A 的电流互感器，倍率为 20（或其他规格/5）。电流互感器二次侧的两根线接在电度表用来计量电流的两个接线柱上。

1）互感器带单相电度表的接线方式

（1）单相电度表有电源线从一只互感器 P1 接入一只电度表的接线方式，如图 14-9 所示。

（2）电源线从三只互感器 P1 接入三只电度表的接线方式，如图 14-10 所示。

2）互感器带三相电度表的接线方式

（1）三相三线制电度表接线方式如图 4-11 所示，三相四线制电度表经互感器的接线方式如图 4-12 所示。

（2）有功电度表和无功电度表的接方式如图 14-13 所示。

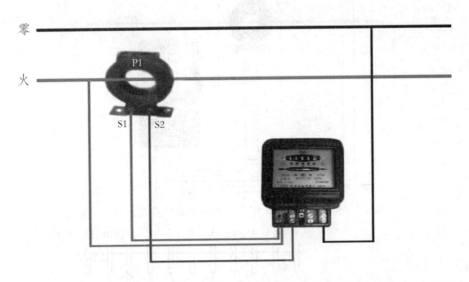

图 14-9 电源线从互感器 P1 接入一只单相电度表的接线方式

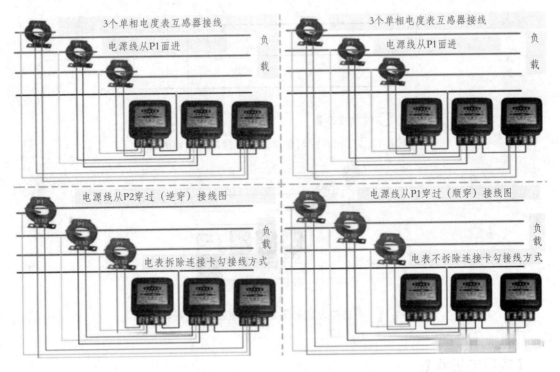

图 14-10 电源线从三只互感器 P1 接入三只单相电度表的接线方式

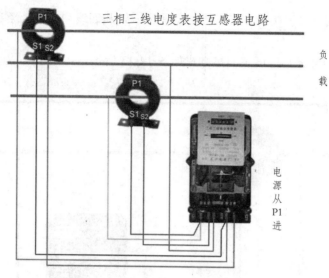

图 14-11　三相三线制电度表的接线方式

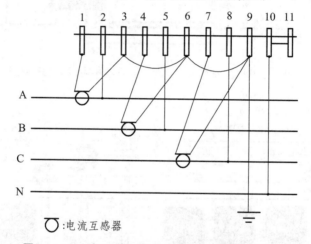

○:电流互感器

图 14-12　三相四线制电度表经互感器的接线方式

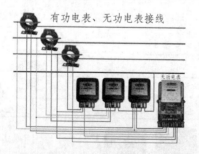

图 14-13　有功电度表和无功电度表经互感器的接线

【实训与思考】

（1）完成家用单相电度表的直接安装电路。

实训器材见表 14-1：

表 14-1　单相电度表的直接安装电路实训器件

名　　称	型　号	数　量
单相电度表	DT86-2	1
断路器	DZ47-63	1

（2）完成三相四线有功电度表的直接安装电路。

实训器材见表 14-2。

表 14-2　三相四线有功电度表的直接安装电路实训器件

名　　称	型　号	数　量
三相四线有功电度表	DD862-4	1
断路器	DZ47-63	1

（3）按照图 14-14 制作一个单相电源配电盘。要求：① 插座所带最大负载为 250 W，选择电表、导线、空气开关、漏电开关的型号规格。② 按照图示安装电路，并画出电气原理图。

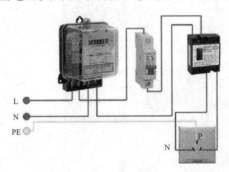

图 14-14　家用配电盘

（4）图 14-15 是某家庭电路的电子式电能表表盘的部分数据（imp 表示电能表指示灯闪烁的次数）。

单相电子式电能表

DDS879　　　　3200 imp/kW·h

220V　　5(20)A　　50Hz

图 14-15　电表数据

当电路中某用电器单独工作 6 min 时，电能表指示灯闪烁了 320 imp，则在上述时间内，该用电器消耗的电能是_____kW·h，用电器的功率是_____W。

（5）小明把电吹风机单独接入家庭电路并使其工作，发现电能表的转盘在 0.1 h 内转过 150 圈，电能表铭牌如图 14-16 所示。这段时间内，电吹风机消耗的电能是_____kW·h，电功率是_____kW。

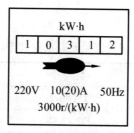

图 14-16　电能表铭牌

项目十五 有功功率表的使用

有功功率表也叫瓦特表，是一种测量电功率的仪器。电功率包括有功功率、无功功率和视在功率。未做特殊说明时，功率表一般是指测量有功功率的仪表，用来测量三相交流负载的总功率或单相交流负载的功率。如图 15-1 所示。

图 15-1 有功功率表

一、有功功率的基本知识

1. 有功功率的定义和单位

有功功率是指瞬时功率在一个周期内的积分的平均值。因此，有功功率也称平均功率。记瞬时电压为 $u(t)$，瞬时电流为 $i(t)$，瞬时功率为 $p(t)$，则：

$$p(t) = u(t)i(t)$$

对于交流电，T 为交流电的周期，对于直流电，T 可取任意值。如下列公式所示：

$$P = \frac{1}{T} \int_{-\frac{T}{2}}^{\frac{T}{2}} u(t)i(t)\mathrm{d}t$$

对于正弦交流电，经过积分运算可得：

$$P = UI \cos\psi$$

上式中，U、I 分别为正弦交流电的有效值，ψ 为电压与电流信号的相位差。

有功功率 P 的国际单位为瓦特（W），其他单位有毫瓦（mW）、千瓦（kW）、兆瓦（MW）。电气工程中经常使用千瓦（kW）作为单位。各单位之间的换算关系如下

$$1\,\mathrm{MW} = 10^3\,\mathrm{kW} = 10^6\,\mathrm{W} \quad 1\,\mathrm{W} = 10^3\,\mathrm{mW}$$

二、功率表的分类与测量方法

有功功率表按所测电量的频率可分为：直流功率表、工频功率表和变频功率表。直流功率

等于电压和电流的乘积，即 $P=UI$。实际测量中采用间接测量，一般是用电压表和电流表分别测量负载的工作电压 U 和通过的电流 I，通过计算得到直流功率。工频功率表是应用较为普遍的功率表，常说的功率表一般都是指工频功率表，采用直接测量方法，功率表的读数就是被测负载的功率。变频功率表是 21 世纪变频调速技术高速发展的产物，其测量对象为变频电量。

三、有功功率表的结构及类型

常用的有功功率表大多采用电动系工作原理，它的内部有一个固定的电流线圈和一个可动的电压线圈，其测量原理图如图 15-2 所示。 测量功率时，电动系仪表的固定线圈与负载串联，反映负载电流 I，仪表的可动线圈与负载并联，反映负载电压 U，按电动系仪表工作原理，可推出可动线圈的偏转角 α 正比于负载功率 P[见式(15-1)]。如果 U、I 为交流同样可推出可动线圈的偏转角 α 正比于负载功率 P[见式(15-2)]。如图 15-2（b）所示。

$$\alpha = KI_1I_2 = KI\frac{U}{R} = K_PP \tag{15-1}$$

$$\alpha = KI_1I_2\cos\psi = KI\frac{U}{R_2}\cos\psi = K_PP \tag{15-2}$$

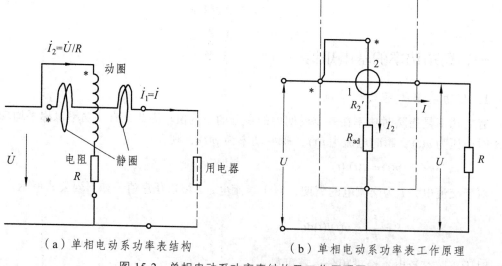

（a）单相电动系功率表结构　　　　　（b）单相电动系功率表工作原理

图 15-2　单相电动系功率表结构及工作原理图

由于电动系仪表的生产工艺比较复杂，所以近年来发展了利用磁电系表芯做成的变换式功率表，它的工作原理图如图 15-3 所示。变换式功率表先通过由两个互感器组成的取样电路，检测负载的电压与电流，由于两个互感器的一次绕组接法相反，使得互感器二次绕组的电流与负载的 u、i 关系如下式所示。

$$i_1 = \frac{N_1}{N_2}\left(\frac{u}{R_A} + i\right)$$

$$i_2 = \frac{N_1}{N_2}\left(\frac{u}{R_A} - i\right)$$

然后利用半导体二极管的平方律特性，使得磁电系指示仪表的两端电压 u_p 与负载的 u、i 乘积（功率）成正比，完成功率到电压的变换。并在标尺上显示功率。

$$U_P = u_1 - u_2 = K(i_1 R_0)^2 - K(i_2 R_0)^2 = K\left(\frac{N_1}{N_2}\right)^2 R_0^2 \left(4\frac{1}{R_A}ui\right)$$

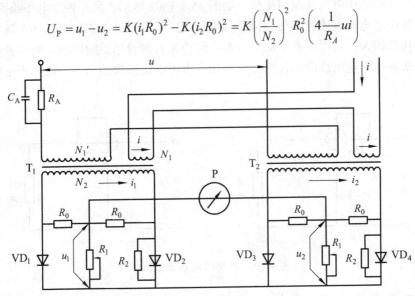

图 15-3 变换式功率表工作原理图

功率表按照显示方式分为指针式表和数显式功率表。如图 15-4 所示。实训室常用的电动系功率表有两种型号：D34 型属低功率因数功率表，$\lambda=0.2$；D51 型属高功率因数功率表，$\lambda=1$。数显式功率表可显示电路的功率因数及负载性质、周期、频率，并且可以记录、储存和查询数据等，目前被广泛使用。

图 15-4 电动系功率表和数显式功率表外形

四、功率表的接线与使用时的注意事项

（一）功率表的接线

1. 电动系功率表的接线

电动系测量机构的转动力矩方向和两线圈中的电流方向有关，为了防止电动系功率表的指针反偏，接线时必须遵守"发电机端"守则。"发电机端"用符号"※"表示，接线时要使两线圈的"发电机端"接在电源的同一极上，以保证两线圈电流都能从该端子流入。

（1）电流线圈标有"※"的端钮必须接到电源，而电流线圈的另一端则与负载相连。

（2）电压线圈标有"※"的端钮可以接到电源端钮的任一端上，而另一端钮则跨接到负载的另一端。

这样，功率表的接线方式有两种：一种为电压线圈前接方式，当负载电阻远远大于电流线圈的电阻时，应采用电压线圈前接法，如图 15-5（a）所示；另一种为电压线圈后接方式，当负载电阻远小于电压线圈电阻时，应采用电压线圈后接法，如图 15-5（b）所示。如界被测负载本身功率较大，可以不考虑功率表本身的功率对测量结果的影响，则两种接法可以任意选择。但最好选用电压线圈前接法，因为功率表中电流线圈的功率一般都小于电压线圈支路的功率。

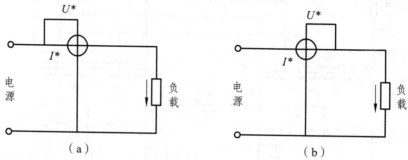

图 15-5　单相功率表接线方法

（二）功率表的使用

1. 单相功率表测量单相电路功率

被测电路功率小于功率表的量程时，功率表可以如图 15-5 所示直接接入。但当负载消耗功率极大，超过了功率表的量程时，必须增加仪用互感器来扩大量程进行测量。接线方法如图 15-6 所示。

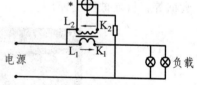

2. 单相功率表测量三相电路功率

（1）在三相四线制电路中，若负载对称，可用一只单相功率表测量其中一相负载的功率，然后将该表读数乘以3，即：

图 15-6　单相功率表通过仪用互感器扩大量程接线图

$$P_\Sigma = 3 \times P$$

P_Σ 为三相对称负载总功率。这种方法称为一表法。如图 15-7 所示。

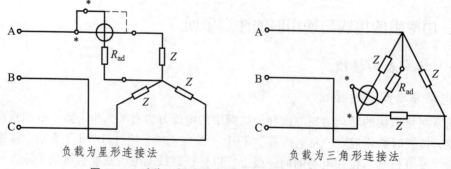

负载为星形连接法　　　　　　　负载为三角形连接法

图 15-7　对称三相四线负载功率的测量（一表法）

（2）三相四线制电路中负载多数是不对称的，需用三个单相功率表才能测其三相功率，三个单相功率表的接线如图 15-8 所示，每个功率表测量一相的功率，三个单相功率表测得的功率之和等于三相总功率。这种方法称为三表法。

$$\sum P = P_1 + P_2 + P_3$$

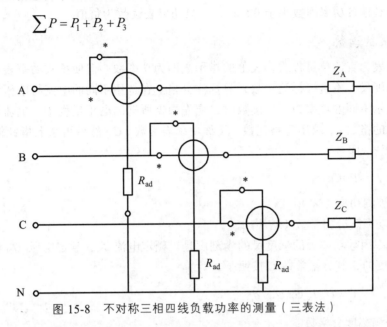

图 15-8 不对称三相四线负载功率的测量（三表法）

（3）在三相三线制电路中，不论负载对称还是不对称，均可用两个单相功率表测三相功率。这种方法称为两表法。三相总功率等于两只功率表测得的功率的代数和，即 $P = P_1 + P_2$。两表法测三相电路的连接方法如图 15-9 所示。

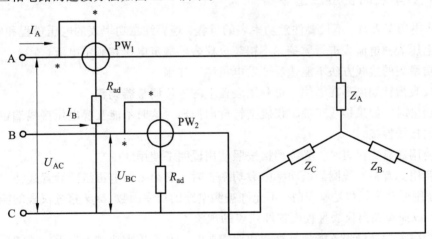

图 15-9 三相三线（对称与不对称）负载功率的测量（两表法）

两功率表的电流线圈串联接入任意两线，使通过电流线圈的电流为三相电路的线电流（电流线圈的*端必须接到电源侧）；两功率表电压线圈的*端必须接到该功率表电流线圈所在的线路，而一端必须同时接到没有接功率表电流线圈的第三条线上。

如果负载的功率因数小于 0.5，则会有一只功率表的读数为负值，即该功率表的指针会反转。为了取得读数，这时需要将该功率表电流线圈的两个端钮对换，使指针往正方向偏转，这时所测得的功率为两只功率表读数之差。两表法读数的特点：

（a）负载对称并为阻性时，两表读数相等。

（b）负载对称且功率因数为 0.5 时，有一只功率表读数为 0。

（c）负载对称且功率因数小于 0.5 时，一只功率表读数为负值。

3. 功率表的读数

（1）功率表为直读单量程式，表上的指示数即为功率数。但便携式功率表一般为多量程式，在表的标度尺上不直接标注示数，只标注分格。在选用不同的电流与电压量程时，每一分格都可以表示不同的功率数。在读数时，应先根据所选的电压量程 U、电流量程 I 以及标度尺满量程时的格数 a，求出每格瓦数（又称功率表常数）C，然后再乘上指针偏转的格数 a，得到所测功率 P，即

$$P=Ca$$

式中　P —— 被测功率（W）；

　　　C —— 功率表分格常数（W/格）。

（2）低功率因数功率表的标度尺的满刻度是以额定电流 I_N、额定电压 U_N 和额定功率因数 $\cos\psi_N$ 来刻度的，其分格常数 C 按照下式计算：

$$C = U_N I_N \cos\psi_N / a_m$$

式中　a_m —— 满刻度分格数。

在计算出分格常数后，再根据指针指示的格数，算出被测功率来。

（三）功率表的使用注意事项

（1）使用功率表时，不仅要注意功率表的量程，还要注意功率表的电压量程和电流量程。必须接入电压表和电流表进行监控，不得超过仪表的额定电压和额定电流。

（2）功率表的接线方法不能违反"发电机端"守则。

（3）仪表指针如果不在零位，可利用表盖上的零位调整器调整。

（4）测量时，如果接线正确，仪表指针反向偏转，这时不能互换电压接线端钮，应该将电流端钮的接线换接。

（5）使用数显式仪表时，必须严格按照使用说明书使用。

（6）使用具有补偿线圈的低功率因数功率表时，必须采用电压线圈后置式法。特别需要指出，在使用低功率因数功率表时，不允许被测电路的功率因数 $\cos\psi$ 超过仪表的额定功率因数 $\cos\psi_N$，以避免超出仪表量程而损坏仪表的现象。

（7）功率表的满量程不能满足被测功率需要时，必须扩大功率表量程。通常采取措施可分别为扩大电流量程或扩大电压量程。也可采用互感器扩展量程的方法。

（a）扩大电流量程可将两个固定线圈从串联改为并联，量程可相应扩大一倍。如图 15-10 所示。

但功率表的固定线圈只有两个，因此这种办法只能扩大量程一倍。

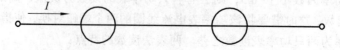

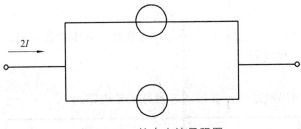

图 15-10　扩大电流量程图

（b）扩大电压量程可改变可动线圈的串联附加电阻，阻值不同时，可得到不同的电压量程。如图 15-11 所示。但工程上使用的电压等级都是按标准规定的，所以功率表的电压量程都取标准值。

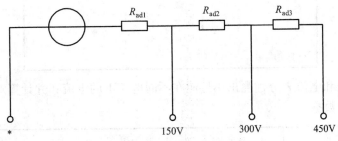

图 15-11　扩大电压量程图

可见测量低功率因数的功率表必须具备大电流和低功率示值两个特点。在结构上必须采取一些措施，一方面提高仪表的灵敏度，使它能测量低功率，另一方面要提高功率表的电流额定值，在加大电流额定值的时候，还要注意不使表耗功率影响读数。

【实训与思考】

（1）依据如图 15-12 所示电气原理图，连接三相异步电动机正反转控制电路，选用 D34-型功率表，采用两瓦特表接法，测量三相异步电动机的有功功率。

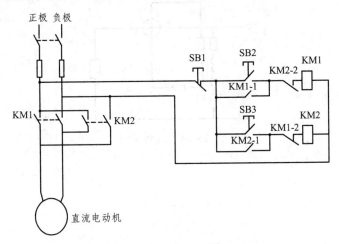

图 15-12　电气原理图

（2）实训题。

实验器材：电源一只（干电池 2~4 节），电流表、电压表各一只，滑动变阻器一只，开关一只，小灯泡一只，导线若干。

实验要求：

（a）在指定位置画出电路图，并按图连接好实验电路。

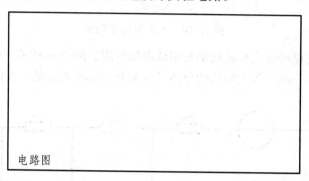

电路图

（b）用电压表和电流表分别测出小灯泡在不同电压下的电流，并计算对应的电功率。

（c）记录实验数据。

次 数	电 压	电 流	电 功 率	提 示
1				80%额定电压
2				额定电压
3				120%额定电压

（3）带电压互感器的单相有功功率测量电路接线实训。

（a）按照图 15-13 选用设备、材料和电工工具、仪表。

（b）正确检测元器件，按国家 GB 50171—92 技术标准，进行带电压互感器的单相有功功率表测量电路的接线操作。

（c）检查、测试电路，试运行后做好数据记录。

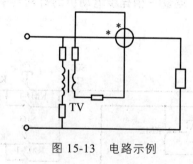

图 15-13 电路示例

项目十六　功率因数表的使用

一、功率因数的基本知识及功率因数表简介

功率因数指在交流电路中，电压与电流之间的相位差（φ）的余弦值，用符号 $\cos\varphi$ 表示，在数值上，功率因数是有功功率和视在功率的比值，即 $\cos\varphi=P/S$。

功率因数是反映电源使用率的一个重要指标。理论的上，功率因数为 1 最好，但在使用的过程中，这是很难做到的。因为在电力系统中，除了电阻性负载的功率因素为 1，其他的电动机等感性负载的功率因素都小于 1，而电容器等容性负载的功率因数却大于 1，根据供电局的规定，对功率因数小于 0.85 的用电户罚款。

通常功率因数的测量有多种方法。如用有功电度值和无功电度值计算功率因数，或用电流表和电压表测出视在功率 S，用功率表测出电路有功功率 P，计算出功率因数，即 $\cos\varphi = P/S$。这些方法均需要通过计算才能得到功率因数。而功率因数表是直接测量功率因数的仪表，用其测量更显得直观、简单。

功率因数表又称相位表，按测量机构可分为电动系、铁磁电动系和电磁系三类。根据测量相数又有单相和三相之分。按照工作原理分为电动式和变换式两种。按照显示方式分为指针式和数显式。其中变换式功率因数表具有体积小、重量轻、结构简单、成本低等特点，可广泛应用于配电系统、工业自动化控制系统等领域，主要用于对电气线路中的单/三相功率因数实时监测、显示、报警、变送、通信于一体，其安装、使用简便，测量精度高，稳定性能好，长期工作可免调校，如图 16-1 所示。

图 16-1　功率因数表实物图

二、功率因数表的工作原理

现以电动系功率因数表为例分析其工作原理（见图 16-2）。图中 A 为电流线圈，与负载串联。B_1、B_2 为电压线圈与电源并联。其中电压线圈 B_2 串接一只高电阻 R_2，B_1 串联一电感线圈。

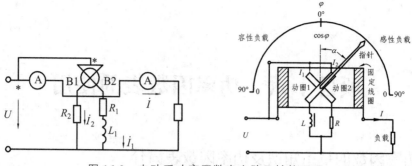

图 16-2　电动系功率因数表电路及结构原理

B₂ 支路上为纯电阻电路，电流与电压同相位，B₁ 支路上为纯电感电路（忽略 R_1 的作用），电流滞后电压 90°。当接通电压后，通过电流线圈的电流产生磁场，磁场强弱与电流成正比，此时两电压线圈 B₁，B₂ 中电流将产生转动力矩 M_1、M_2（根据载流导体在磁场中受力的原理）。由于电压线圈 B₁ 和 B₂ 绕向相反，作用在仪表测量机构上的力矩一个为转动力矩，另一个为反作用力矩，当两者平衡时，仪表指针将停留在某一位置上。只要使线圈和机械角度满足一定的关系，就可使仪表的指针偏转角不随负载电流和电压的大小而变化，只决定于负载电路中电压与电流的相位角，从而指示出电路中的功率因数。

三、功率因数表的应用

功率因数的高低直接体现了电能的质量。在配电系统中，采用在低压侧并列电容器的方法提高功率因数（见图 16-3）。

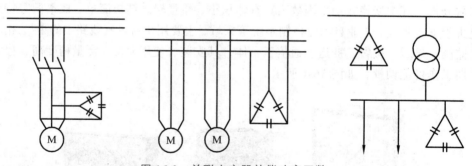

图 16-3　并联电容器补偿功率因数

功率因数表一般都安装在电容器柜上。

1. 三相功率因数表的接线

三相功率因数表主要应用于低压交流三相电力系统之中，主要作功率因数测量之用，特别是在感应动力用电较多的场合，因为功率因数的高低直接关系着用电效率与能源消耗。图 16-4 所示为三相功率因数表背面的接线柱示意图。

三个电压接线柱分别标有 U_A、U_B、U_C、两个电流接线柱标有 I_A，表示功率因数表所取电流应与左边电压接线柱所接电压同相。

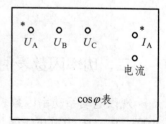

图 16-4　三相功率因数表
背面接线柱示意图

并且与负荷电流同方向的电流互感器二次电流应从标有*号的接线柱流入,从另一个接线柱流出。左边电压接线柱也标有*号,也是说明此电压应与电流同相。下面通过一个实例来具体介绍功率因数表的正确接线方法。

图 16-5 是一个低压母线示意简图。准备在电容柜上安装一只三相功率因数表,由于安装位置有限,将功率因数表取电流的电流互感器安装在中相。

由于电流互感器安装在中相(绿相),则左边的接线柱应接绿色相电压。然后以绿色相为 U_A,用相序表测定黄、绿、红三相电压的相序,结果是绿—黄—红为正相序。图中括号所标的 U_A、U_B、U_C 即为相序表测定的结果。则在中间的电压接线柱应接黄相电压.右边的电压接线应接红色相电压。电压线接好后,

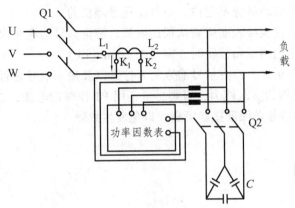

图 16-5　三相功率因数表的安装

再接电流线。由于电流互感器的极性标注法是减极性的,即一次电流从 L_1 端流入互感器,则互感器的二次电流从 K_1 端流出,所以就应把电流互感器的 K_1 端与功率因数表标有*号的电流接线往相连,K_2 端与另一电流接线柱相连。这样就相当于负荷电流流入了标有*号的电流接线柱(如图 16-5 中箭头方向所示)。

虽然功率因数表装在电容柜上,但它反映的是低压总母线上的功率因数,故电流互感器应安装在总母线上。

2. 单相功率因数表的接线

单相功率因数表接线类同于电功率表的接法,遵守发电机端守则。如图 16-6 所示。

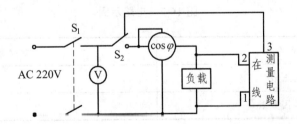

图 16-6　单相 DW8/DW9 电子型功率因数表接线图

3. 三相功率因数表和单相功率因数表的区别

单相功率因数表可用来测量单相电路的功率因数,还可用来测量中点可引出的对称三相

电路的功率因数,这时电表的电压回路应接到相电压上。当对称三相电路的中性点不可触及时,可采用三相功率因数表进行测量。使用三相功率因数表时要特别注意,除应按说明书规定接线之外,还应当注意相序关系,不能接错。

四、功率因数表使用注意事项

(1)仪表的额定值应大于负载的额定值。

(2)接线时相序不能接反,在仪表的电流端钮上有"*"或"±"标志,还要遵守发电机端守则。

(3)仪表未通电时活动部分不定位,指针位置是随机的。

(4)为保证安全,仪表接入前应确认辅助电源,测量信号均应在仪表使用范围之内,否则可能损坏仪表,作精确测量和校正时,需通电 20 min 以上。

(5)如仪表显示不正常,检查信号输入是否拧紧以及输入信号是否正常。

(6)除非 PT 有足够的负载能力,否则尽量不用 PT 作辅助电源,以保证仪表正常工作,CT 回路中的电流接线请务必保证接触可靠,以免发生故障。

【实训与思考】

(1)使用一块功率因数表和一块交流电压表按照图 16-7 接线,为了方便,将负载改换为 220 V,60 W 的白炽灯泡。将有关数据填入下表中。

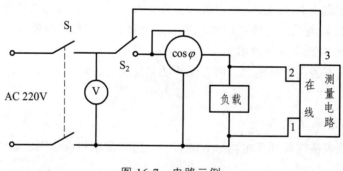

图 16-7   电路示例

仪表名称	仪表读数
电压表	
功率因数表	

(2)使用成套的荧光灯元件按照图 16-8 接线,将在荧光灯电路上并联电容器以提高功率因数的实验测量数据记录到下表中,并根据测量数据计算 cos φ,当并联不同的电容器容量时,记录并计算相应的数据。

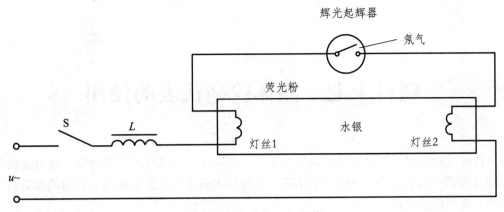

图 16-8   荧光灯工作电路

电容量	测量值			计算值 $\cos\varphi$
	U	I_{RL}（或 I）	P	

（3）使用一块低功率因数表，测量一台单相电动机的功率因数。

项目十七 晶体管毫伏表的使用

晶体管毫伏表用于测量毫伏级以下的毫伏、微伏正弦交流电压的有效值，如电视机和收音机的天线输入的电压、中放级的电压等。这种仪表的优点是测量精确。它的缺点是测量范围较小，使用范围也较小。

晶体管毫伏表的分类如下：

（1）按测量频率范围分：低频晶体管毫伏表、高频晶体管毫伏表、超高频晶体管毫伏表、视频毫伏表。

（2）按测量电压上分：有效毫伏表和真有效值毫伏表。

（3）按显示方式分：指针显示和数字显示（LED 显示）。如图 17-1 和 17-2 所示。

 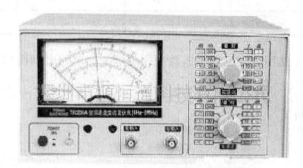

图 17-1　指针式毫伏表

图 17-2　数字式毫伏表

实验室使用的是低频、指针显示式晶体管毫伏表，分两种型号：一种是 DF2173 型，如图 17-3 所示；另一种是 DA-16 型。它们都可在 20 Hz ~ 1 MHz 的频率范围内测量 100 μV ~ 300 V 的交流电压，输入阻抗为 1 MΩ，精度≤±3%，电压指示为正弦波有效值。它们具有频率范围宽、输入阻抗高、测量电压范围广、灵敏度度，结构简单、体积小、重量轻、大镜面表头指示、读数清晰等特点。

常用的数字毫伏表为单通道晶体管毫伏表。它具有测量交流

图 17-3　实验室指针显示式晶体管毫伏表

电压、电平测试、监视输出等三大功能。交流测量范围为 100 nV ~ 300 V、5 Hz ~ 2 MHz，分为 1 mV、3 mV、10 mV、30 mV、100 mV、300 mV、1 V、3 V、10 V、30 V、100 V、300 V 共 12 挡；电平 dB 刻度范围 – 60 ~ +50 dB。

一、晶体管毫伏表工作原理

晶体管毫伏表由输入保护电路、前置放大器、衰减放大器、表头指示放大电路、整流器、监视输出及电源组成。工作电路如图 17-4 所示。

输入保护电路用来保护该电路的场效应管。衰减控制器用来控制各挡衰减的接通，使仪器在整个量程均能高精度地工作。整流器是将放大了的交流信号进行整流，整流后的直流电流再送到表头。

监视输出功能主要是检测仪器本身的技术指标是否符合出厂时的要求，同时也可作放大器使用。

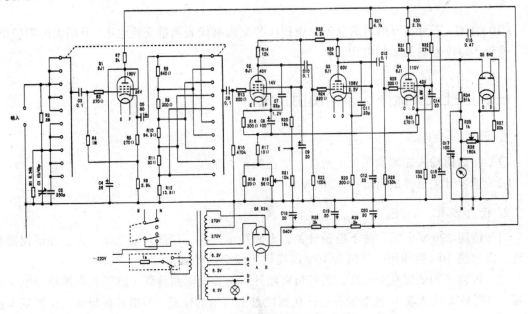

图 17-4 晶体管毫伏表工作电路

二、晶体管毫伏表操作注意事项

（1）仪器在通电之前，一定要将输入电缆的红黑鳄鱼夹相互短接。防止仪器在通电时因外界干扰信号通过输入电缆进入电路放大后，再进入表头将表针打弯。

（2）不知道被测电路中电压值大小时，必须首先将毫伏表的量程开关置最高量程，然后根据表针所指的范围，采用递减法合理选挡。

（3）若要测量高电压，输入端黑色鳄鱼夹必须接在"地"端。

（4）测量前应短路调零。打开电源开关，将测试线（也称开路电缆）的红黑夹子夹在一起，将量程旋钮旋到 1 mv 量程，指针应指在零位（有的毫伏表可通过面板上的调零电位器进行调零,凡面板无调零电位器的,内部设置的调零电位器已调好)。若指针不指在零位,应检查测试线是否断路或接触不良,应更换测试线。

(5)交流毫伏表灵敏度较高,打开电源后,在较低量程时由于干扰信号(感应信号)的作用,指针会发生偏转,称为自起现象。所以在不测试信号时应将量程旋钮旋到较高量程挡,以防打弯指针。

(6)交流毫伏表接入被测电路时,其地端(黑夹子)应始终接在电路的地上(成为公共接地),以防干扰。

(7)交流毫伏表表盘刻度分为0—1和0—3两种刻度,量程旋钮切换量程分为逢1量程(1 mV、10 mV、0.1 V……)和逢3量程(3 mV、30 mV、0.3 V……),凡逢1的量程直接在0—1刻度线上读取数据,凡逢3的量程直接在0—3刻度线上读取数据,单位为该量程的单位,无须换算。

(8)使用前应先检查量程旋钮与量程标记是否一致,若错位会产生读数错误。

(9)交流毫伏表只能用来测量正弦交流信号的有效值,若测量非正弦交流信号要经过换算。

(10)注意:不可用万用表的交流电压挡代替交流毫伏表测量交流电压(万用表内阻较低,用于测量50 Hz左右的工频电压)。

三、指针式交流毫伏表的使用方法

1. 开机前的准备工作

(1)将通道输入端测试探头上的红、黑色鳄鱼夹短接。

(2)量程开关选择最高量程(300 V)。

2. 操作步骤

(1)接通220 V电源,按下电源开关,电源指示灯亮,仪器立刻工作。为了保证仪器稳定性,需预热10 s后使用,开机后10 s内指针无规则摆动属正常。

(2)将输入测试探头上的红、黑鳄鱼夹断开后与被测电路并联(红鳄鱼夹接被测电路的正端,黑鳄鱼夹接地端)。观察表头指针在刻度盘上所指的位置,若指针在起始点位置基本没动,说明被测电路中的电压很小,且毫伏表量程选得过高,此时用递减法由高量程向低量程变换,直到表头指针指到满刻度的2/3左右即可。

(3)准确读数。表头刻度盘上共刻有四条刻度。第一条刻度和第二条刻度为测量交流电压有效值的专用刻度,第三条和第四条为测量分贝值的刻度。当量程开关分别选1 mV、10 mV、100 mV、1 V、10 V、100 V挡时,从第一条刻度读数;当量程开关选3 mV、30 mV、300 mV、3 V、30 V、300 V挡时,应从第二条刻度读数(逢1就从第一条刻度读数,逢3从第二条刻度读数)。例如:将量程开关置"1 V"挡,就从第一条刻度读数。若指针指的数字是在第一条刻度的"0.7"处,其实际测量值为0.7 V;若量程开关置"3 V"挡,就从第二条刻度读数。若指针指在第二条刻度的"2"处,其实际测量值为2 V。上面的示例说明,如果量程开关选在1 V挡位,此时毫伏表可以测量的电压范围是0~1 V,满刻度的最大值也就是1 V。当用该仪表去测量外电路中的电平值时,就从第三、四条刻度读数,读数的方法是量程数加上指针指示值，等于实际测量值。

3. 交流电压的测量

（1）当输入端加上测量电压时，表头将指示电压的存在。

（2）如果读数小于满刻度的30%，逆时针方向转动量程旋钮，逐渐减小电压量程，直到指针大于满刻度值30%且小于满刻度值时，读出指示值。

四、GVT-427B 指针型毫伏表使用示例

1. 操作面板的认知

（1）归零调整旋钮：红黑两个颜色的旋钮分别对应着红黑两个表针的归零调整。

（2）CH1 和 CH2 的范围选择开关：当这个开关处于弹起状态时，CH1 和 CH2 的测量范围是相互独立的；当开关处于按下状态时，CH1 和 CH2 的范围将一起根据 CH1 范围旋钮的调节而改变。如图 17-5 所示。

 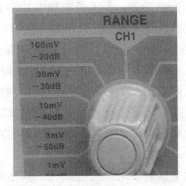

图 17-5 CH1 和 CH2 选择开关

（3）如下图示的两个端子分别是 CH1 和 CH2 的输出连接插口，当毫伏表被用作前置放大器的时候两个端子可以提供输出信号，当范围选择开关设置在 100 mV 的时候，输出电压近似等于输入电压，然而当旋钮开关调高或调低时，放大倍数将被分别减少或增加 10 dB。

2．操作方法

（1）接通电源。

（2）调整归零旋钮将红黑指针进行归零调整。

（3）将测试范围选择旋钮调至最大挡。（此步是为了预防在不知道输出值的情况下，超范围测量，损坏仪表。）

（4）在通电和引入信号输入后，再调整测试范围选择旋钮到合适的位置，一般将指针调整至仪表板的 1/3 处为最佳位置。

3．注意事项

（1）接地：为防止触电的危险，在插入电源线之前请先确认机壳后面的接地端是否接上地线。

（2）最大输入电压：要确认被测量信号的最大值是否在毫伏表所能测量的最大范围内，否则会将仪器烧坏。

（3）导线的正确选择：当被测的信号值比较低或者被测信号源阻抗比较高时，输入信号很容易被干扰产生杂音，为了抵抗噪音，应该选择有屏蔽效果的同轴线。

（4）测量前短路调零：打开电源开关，将测试线（也称开路电缆）的红黑夹子夹在一起，将量程旋钮旋到 1 mV 量程，指针应指在零位（有的毫伏表可通过面板上的调零电位器进行调零，凡面板无调零电位器的，内部设置的调零电位器已调好）。若指针不指在零位，应检查测试线是否断路或接触不良，必要时更换测试线。

（5）交流毫伏表灵敏度较高，打开电源后，在较低量程时由于干扰信号（感应信号）的作用，指针会发生偏转，称为自起现象。所以在不测试信号时应将量程旋钮旋到较高量程挡，以防打弯指针。

（6）交流毫伏表接入被测电路时，其地端（黑夹子）应始终接在电路的地上（成为公共接地），以防干扰。

（7）调整信号时，应先将量程旋钮旋到较大量程，改变信号后，再逐渐减小。

五、DF2173 双路输入交流毫伏表的使用示例

DF2173 双路输入交流毫伏表是一种通用型电压表，由于具有双路输入，故对于同时测量二种不同大小的交流信号的有效值及两种信号的比较最为方便，适用于 10 Hz～1 MHz 的交流信号的电压有效值测量。

1．技术特征

（1）测量范围：100 μV～300 V，分 12 挡量程。

（2）电压刻度：1 mV、3 mV、10 mV、30 mV、100 mV、300 mV，1 V、3 V、10 V、30 V、100 V、300 V，共 12 挡。

（3）dB 刻度：－60dB～+50 dB（0 dB=1 V）。

（4）电压测量工作误差≤5%满刻度（1 kHz）。

（5）频率响应：100 Hz～100 kHz，10 Hz～1 MHz。

（6）输入特性：最大输入电压不得大于 450 V（AC + DC）；输入阻抗 ≥1 M（≤50 pF）。

（7）噪声：输入端良好短路时低于满刻度值的 3%。

（8）两通道互扰小于 80 dB。

（9）电源适应范围：电压 220 V ± 22 V；频率 50 Hz ± 2 Hz；功率不大于 10 V · A。

2. 基本操作

（1）通电前先观察表针所停的位置，如果不在表面零刻度，需调整电表指针的机械零位。

（2）根据需要选择输入端 I 或 II。

（3）将量程开关置于高量程挡，接通电源，通电后预热 10 min 后使用，可保证性能可靠。

（4）根据所测电压选择合适的量程，若测量电压未知大小应将量程开关置最大挡，然后逐级减小量程。以表针偏转到满刻度 2/3 以上为宜，然后根据表针所指刻度和所选量程确定电压读数。

（5）在需要测量两个端口电压时，可将被测的两路电压分别馈入输入端 I 和 II，通过拨动输入选择开关来确定 I 路或 II 路的电压读数。

注意，在接通电源 10 s 内指针有几次无规则摆动的现象是正常的。

数字交流毫伏表是用电子分立元件组成的高精度晶体管毫伏表，对常用实验电路中的交流输入波形，可直接计算出其有效值，并用数码显示。其精度和性能都优于同类产品，而且具有体积小、使用方便等特点。

由于毫伏表的型号不同，所以使用时要严格按照说明书操作。

六、交流毫伏表的维护

1. 更换保险丝

仪表背面的保险丝为 0.1 A，可以沿着箭头的方向旋转，打开保险丝盆更换。在保险丝更换后一定要调查其断路原因，且在接通电源前选择合适的量程。

2. 量程旋钮位置调整

如果仪表旋钮的指向偏离了正常位置，利用螺丝刀拨开其顶盖，松动螺母，使旋钮指向与实际位置相符，再拧紧螺母，盖上盖子即可。

项目十八　直流稳压电源的使用

　　直流稳压电源是给负载提供稳定的直流电压和直流电流的电源装置。其供电电源大多是交流电源，当交流供电电源的电压或负载电阻变化时，稳压器的直流输出电压都会保持稳定。

　　直流稳压电源随着电子设备向高精度、高稳定性和高可靠性的方向发展，对电子设备的供电电源提出了更高的要求。直流稳压电源如图 18-1 所示。

图 18-1　直流稳压电源

一、直流稳压电源电路的组成及功能

1. 电路组成

　　直流稳压电源由变压器、整流滤波电路、稳压取样电路、稳压输出电路四部分组成。电路原理框图如图 18-2 所示。

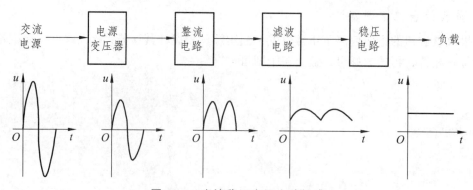

图 18-2　直流稳压电源电路组成

　　（1）变压器：利用电磁感应的原理来改变交流电压的装置，主要构件是初级线圈、次级线圈和铁心（磁心）。主要功能有：电压变换、电流变换、阻抗变换、隔离、稳压（磁饱和变压器）等。

（2）整流、滤波电路：把交流电能转换为直流电能的电路。大多数整流电路由变压器、整流主电路和滤波器等组成。

（3）稳压电路：在输入电压、负载、环境温度、电路参数等发生变化时仍能保持输出电压恒定的电路。

二、直流稳压电源的基本功能

直流稳压电源一般具有多路输出：一路电源的固定输出为 5 V、2 A；提供二路（A 路、B 路）电源的可调输出为 0 ~ 24 V、0 ~ 1 A。可调输出一般都具有稳压、稳流两种工作方式，这两种工作方式随负载变化而进行自动转换，并由仪器前面板上的发光二极管显示出 CV、CC 方式，一般绿灯表示 CV（稳压）、红灯表示 CC（稳流）。有些稳压电源还同时提供 A 路和 B 路串联工作和主从跟踪工作方式。若 A 路是主路，B 路是从路，在跟踪工作方式时，从路的输出电压随主路而变化，这对于需要对称双极性电源的场合较为适用。若 A、B 二路串联工作时可输出 0 ~ 48 V、0 ~ 1 A 直流电源；在串联跟踪工作方式时，可输出 0 ~ ±24 V、0 ~ 1 A 直流电源。图 18-3 为直流稳压电源的面板示例。

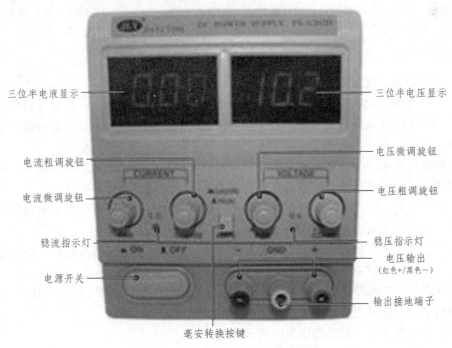

图 18-3　直流稳压电源的面板

二、直流稳压电源的使用方法

1. 直流稳压电源常用的连接方法

双路直流稳压电源如图 18-4 所示。常用的连接方法如图 18-5 ~ 图 18-7 所示。

图 18-4 双路直流稳压电源

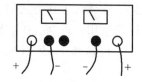

图 18-5 单路或者两路
独立输出

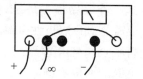

图 18-6 共地的正负
电源连接法

图 18-7 单路高电压
输出连接法

2. 使用方法

（1）电源连接。将直流稳压电源接上市电。

（2）开启电源。在不接负载的情况下，按下电源总开关（power），然后开启电源直流输出开关（output），使电源正常输出工作。此时，电源数字指示表头上显示出当前工作电压和输出电流。

（3）设置输出电压。通过调节电压设定旋钮，使数字电压表显示出目标电压，完成电压设定。对于有可调限流功能的电源，有两套调节系统分别调节电压和电流。

（4）设置电流。按下电源面板上的"Limit"键不放，此时电流表会显示电流数值，调节电流旋钮，使电流数值达到预定水平。

（5）设定过压保护（OVP）。过压设定是指在电源自身可调电压范围内进一步限定一个上限电压，以免误操作时电源输出过高电压。

（6）通信接口参数设置和遥控操作的设置。对于本地控制的应用（面板操作），要关闭将交流电压转变为稳定的直流电源输出使用的电能供给设备。

注意：稳压电源的开关不能作为电路开关随意开关。

四、使用注意事项

（1）根据所需要的电压，先调整"粗调"旋钮，再逐渐调整"细调"旋钮，做到正确配合。例如，需要输出 12 V 电压时，先将"粗调"旋钮置在 15 V 挡，再调整"细调"旋钮调至 12 V，而"粗调"旋钮不应置在 10 V 挡。否则，最大输出电压达不到 12 V。

（2）调整到所需要的电压后，再接入负载。

（3）在使用过程中，如果需要变换"粗调"挡时，应先断开负载，待输出电压调到所需要的值后，再接入负载。

（4）在使用过程中，因负载短路或过载引起保护时，应首先断开负载，然后按动"复原"按钮，也可重新开启电源，电压即可恢复正常工作，待排除故障后再接入负载。

（5）将额定电流不等的各路电源串联使用时，输出电流为其中额定值最小一路的额定值。

（6）每路电源有一个表头，在A/V不同状态时，分别指示本路的输出电流或者输出电压。通常放在电压指示状态。

（7）每路都有红、黑两个输出端子，红端子表示"＋"，黑端子表示"－"，面板中间带有接"大地"符号的黑端子，表示该端子接机壳，与每一路输出没有电气联系，仅作为安全线使用，不能想当然地认为"大地"符号表示接地。"＋""－"表示正负两路电源输出。

（8）两路电压可以串联使用，但绝对不允许并联使用。电源是一种能量供给仪器，因此不允许将输出端长期短路。

五、JWY-30F 直流稳压电源的主要指标

JWY-30F直流稳压电源属于串联式直流稳压电源，具有单路、双路输出，各路输出独立，极性可变，互不影响，每路具有电压、电流指示，每路输出电压 0～30V 连续可调，输出电流最小 0.5 A，最大 2 A，输出阻抗≤60 mΩ，保护电流 3.5 A±0.3 A，指示误差≤2.5%。过载或短路时具有自动保护、停止输出等特性。

六、维护与保养

（1）定期对直流稳压稳流电源进行维护工作，清除机内外的积尘，检查风扇运转情况并检测调节直流稳压稳流电源的系统参数等。

（2）定期对电压表及电流表数值进行校对。

（3）直流稳压稳流电源的摆放场所应避免阳光直射，并留有足够的通风空间，同时禁止在输出端口接感性负载。

（4）定期对设备进行点检，按时填写记录。

【实训与思考】

使用一台双路直流稳压电源，进行下列实训。

（1）熟悉面板上的各旋钮功能。

（2）以并联形式连接4个12 V灯泡，将其接入直流稳压电源，调节电流大小，观察灯泡两端的电压，并计算每一个灯的电流，比较仪表显示电流值和计算电流值的差异，分析原因。再将灯泡串联，重复上述操作步骤，做比较分析。

项目十九 函数信号发生器的使用

函数信号发生器是一种多波形的信号源（见图 19-1）。它可以产生正弦波、方波、三角波、锯齿波，甚至任意波形。有的函数发生器还具有调制的功能，可以进行调幅、调频、调相、脉宽调制和 VCO 控制。频率范围：10 Hz ~ 100 Hz，100 Hz ~ 1 000 Hz，1 kHz ~ 10 kHz。函数发生器使用范围很广，可用于测试或检修各种电子仪器设备中放大器的增益、相位差，非线性失真的测量，以及系统频域特性的测量等，也可用作高频信号发生器的外调制信号源。可以说，函数发生器被广泛应用于生产测试、仪器维修、实验室以及其他科技领域。见图 19-1 所示。

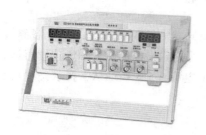

图 19-1 函数信号发生器

一、函数信号发生器的电路构成

信号发生器的电路构成有多种形式，一般包括以下几个部分：

（1）基本波形发生电路：波形发生可以是由 RC 振荡器、文氏电桥振荡器或压控振荡器等电路产生。

（2）波形转换电路：基本波形通过矩形波整形电路、正弦波整形电路、三角波整形电路进行正弦波、方波、三角波间的波形转换。

（3）放大电路：将波形转换电路输出的波形进行信号放大。

（4）可调衰减器电路：可将仪器输出信号进行 20 dB、40 dB 或 60 dB 衰减处理，输出各种幅度的函数信号。

二、函数信号发生器工作原理

目前常用的函数信号发生器大多由集成电路与晶体管构成，一般采用恒流充放电的原理来产生三角波和方波。改变充放电的电流值，就可得到不同的频率信号。当充电与放电的电流值不相等时，原来的三角波可变成各种斜率的锯齿波，同时方波就变成各种占空比的脉冲。

另外,将三角波通过波形变换电路,就产生了正弦波。然后正弦波、三角波(锯齿波)、方波(脉冲)经函数开关转换,由功率放大器放大后输出。

信号发生器的简化原理框图如图19-2所示。图中方波由三角波通过方波变换电路变换而成。实际中,三角波和方波的产生是难以分开的,方波形成电路通常是三角波发生器的组成部分。正弦波是三角波通过正弦波形成电路变换而来的。所需波形经过选取、放大后经衰减器输出。

直流偏置电路提供一个直流补偿调整,使信号发生器输出的直流成分可以进行调节。

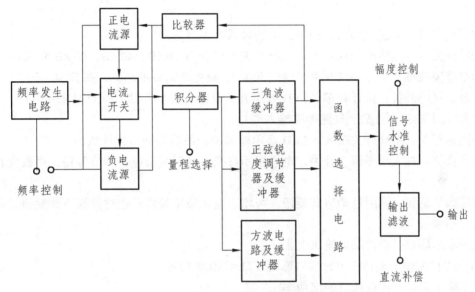

图 19-2　信号发生器的简化原理框图

三、函数信号发生器面板介绍

函数信号发生器的输出信号电压幅度可由输出幅度调节旋钮进行调节,输出信号频率可通过频段选择及调频旋钮进行调节。函数信号发生器的型号较多,现以 YB1602P 功率函数信号发生器为例进行介绍。其外形如图 19-3 所示。

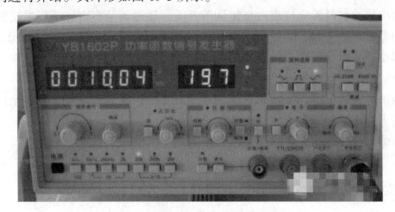

图 19-3　YB1602P 功率函数信号发生器

1. 面板开关使用说明

电源开关：电源开关按键弹出即为"关"。将电源线接入，按下电源开关，电源接通。

LED 显示窗口：此窗口指示输出信号的频率，当"外测"开关按入，显示外测信号的频率。如超出测量范围，溢出指示灯亮。

频率调节旋钮：调节此旋钮可改变输出信号频率：顺时针旋转，频率增大；逆时针旋转，频率减小。微调旋钮可以微调频率。

占空比调节：将占空比开关按入，占空比指示灯亮，调节占空比旋钮，可改变波形的占空比。

波形选择开关：按波形对应的键，可选择需要的波形。

衰减开关：电压输出衰减开关，二挡开关可组合为 20 dB、40 dB、60 dB 衰减。

频率范围选择开关（并兼频率计闸门开关）：根据所需要的频率，按其中一键。

计数、复位开关：按计数键，LED 显示开始计数；按复位键，LED 显示全 0。

计数/频率端口：计数、外测频率输入端口。

外测频开关：将此开关按入，LED 显示窗显示外测信号频率或计数值。

电平调节：按入电平调节开关，电平指示灯亮，此时调节电平调节旋钮，可改变直流偏置电平。

幅度调节旋钮：顺时针调节此旋钮，可增大电压输出幅度；逆时针调节此旋钮，可减小电压输出幅度。

电压输出端口：由此端口输出电压。

TTL/CMOS 输出端口：由此端口输出 TTL/CMOS 信号。

功率输出端口：由此端口输出功率。

扫频：按入扫频开关，电压输出端口输出信号为扫频信号，调节速率旋钮，可改变扫频速率，改变线性/对数开关可产生线性扫频和对数扫频。

电压输出指示：3 位 LED 显示输出电压值，输出接 50 Ω 负载时应将读数÷2。

2. 使用方法

（1）将信号发生器接入交流 220 V、50 Hz 电源，按下电源开关，指示灯亮。

（2）按下所需波形的功能开关。

（3）需输出脉冲波时，应拉出占空比调节开关，通过调节占空比获得稳定清晰的波形。此时的频率为原频率的 1/10，当处于正弦和三角波状态时按入占空比开关旋钮。

（4）如需小信号输出，则按入衰减器。

（5）调节幅度旋钮至所需输出幅度。

（6）若输出为直流电平，可拉出直流偏移调节旋钮，调节直流电平偏移至所需电平值，其他状态时按入直流偏移调节旋钮，直流电平将为零。

（7）分清输出接线柱的正负，连接信号输出线。

四、函数信号发生器的注意事项

（1）将电源接入仪器之前，应先检查电源电压值和频率是否符合仪器要求。信号发生器设有"电源指示"，若使用时指示灯不亮，应更换电池后再使用。

（2）使用仪器前应先预热 10 min。

（3）不可将>10 V（DC 或 AC）的电压加至输出端。

（4）信号发生器不用时应放在干燥通风处，以免受潮。

【实训与思考】

1. 函数信号发生器、晶体管毫伏表的调节

（1）将实训过程的相关数据填入表 19-1 中。

表 19-1　仪器仪表

序号	仪器与设备	型号	数量	备注
1	晶体管毫伏表			
2	函数信号发生器			

（2）记录与分析：观察低频信号发生器的输出衰减对输出电压的影响。将测得的读数记录于下表 19-2 中。

表 19-2　信号发生器"输出衰减"对输出电压的影响

信号发生器"输出衰减"位置/dB	0	10	20	40	80
毫伏表读数					
量程					

2. 单管电压放大器的组装与调试

（1）实训仪器与材料：直流稳压电源 1 台、信号发生器 1 台、晶体管毫伏表 1 台、示波器 1 台、万用表 1 只、3DG6 晶体管 1 个、实训电路板和工具等。β=50，电阻 r=4 kΩ，R_B=10 kΩ，R_C=5.1 kΩ，R_L=5.1 kΩ，电容 C_1=10 μF，C_2=10 μF。

（2）按图 19-4 连接电路。

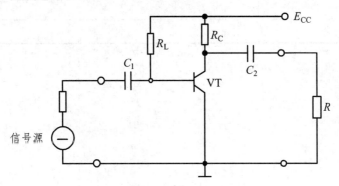

图 19-4　单管电压放大器电路

（3）记录静态工作点测试值。将单管电压放大器基极 B、集电极 C 各点电位值及有关计算值记录于表 19-3 中。

表 19-3　态工作点电位值记录表

测试条件	测试值		计算量			
要求：I_c=1 mA	V_c	V_B	U_{BE}	U_{CE}	I_B	I_C

（4）电压放大倍数测试。将输入电压\输出电压值及有关计算值记录于下表 19-4 中。

表 19-4　输入电压、输出电压测量值记录表

测试条件		测试量		由测试量计算	
I_c	R_L	U_i	U_o	$A_u=U_o/U_i$	理论计算 A_u
1 mA	∞				
	5.1 kΩ				

（5）最佳静态工作点的测试。将经反复调节后测量的静态工作点的值和有关计算值记录于表 19-5 中。

表 19-5　最佳静态工作点测量值记录表

测试值		计算值			
V_c	V_B	U_{BE}	U_{CE}	I_B	I_C

（6）静态工作点位置与波形失真关系的调整。改变 R_B 值，使输出波形产生饱和失真或截止失真，将失真波形记录于表 19-6 中。

表 19-6　工作点与波形失真记录表

	R_p 增大	R_p 减小
波形		
失真性质		

项目二十 双踪数字示波器的使用

　　双踪示波器是一种用途十分广泛的电子测量仪器，能直接观测电信号的波形、分析电路的动态过程，还可以测量各种电参量，如幅值、频率、相位差和时间等。通过传感器也能进行非电量测量，如测量温度、压力、振动、转速等。利用扫频技术也可以观察线性系统的频率响应特性。

　　根据示波器对信号的处理方式，可以将示波器分为模拟示波器和数字示波器两大类。

　　数字式示波器具有频带宽、波形触发、自动测试、可存储波形、精度高等突出特点，而且还能利用 GPIB 或 RS-232 等接口与计算机连接成测试分析系统，对波形数据进一步分析和处理。随着现代电子信息技术的高速发展，数字式示波器也日益发展并得到广泛应用。本文主要介绍 SR-8 型数字式示波器的使用方法和使用时的注意事项。

一、SR-8 型双踪数字式示波器的使用方法

　　SR-8 型双踪示波器是全晶体管便携式通用示波器。它的频带宽度为 DC 15 MHz，可以同时观察和测定两种不同电信号的瞬间过程，并把它们的波形同时显示在屏幕上，以便进行分析比较。该双踪示波器可以把两个电信号叠加后显示出来，也可作单踪示波器使用。实物如图 20-1 所示。

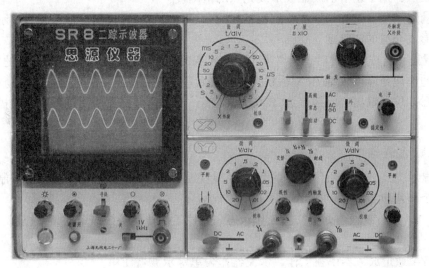

图 20-1 SR-8 型双踪示波器

（一）面板旋钮及说明

SR8 型双踪示波器面板如图 20-2 所示。

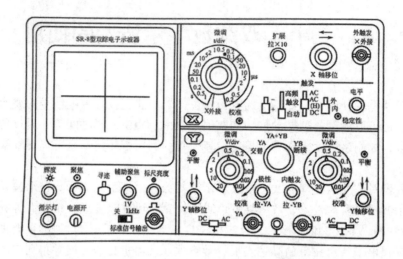

图 20-2　SR-8 型双踪示波器面板

1. 双踪示波器显示部分

（1）电源开关：控制 SR-8 型双踪示波器的总电源开关。当此开关接通后，指示灯立即发光，表示双踪示波器已接通电源。

（2）指示灯：为接通电源的指示标志。

（3）辉度：用于调节双踪示波器波形或光点的亮度。顺时针转动时，亮度增加；反之逆时针转动时，亮度减弱直至显示亮度消失。

（4）聚焦：用于调节示波器波形或光点的清晰度。

（5）辅助聚焦：它与"聚焦"旋钮相互配合进行调节，可提高双踪示波器显示器有效工作面内波形或光点的清晰度。

（6）寻迹：当按下该键时，偏离荧光屏的光点回到显示区域，从而寻到光点的所在位置。实际上它的作用是降低 Y 轴和 X 轴放大器的放大量，同时使时基发生器处于自励状态。

（7）标准信号输出：此插座为 BNC 型插座，双踪示波器在使用过程中由此插座输出标准信号。

2. 双踪示波器 Y 轴插件

（1）显示方式开关：用作转换两个 Y 轴前置放大器 YA 及 YB 工作状态的控制元件，它有以下五个作用位置：

交替：YA 和 YB 通道处于交替工作状态，交替工作转换受扫描重复频率控制，以便显示双踪信号。

YA：YA 通道放大器单独工作，示波器作为单踪示波器使用。

YA+YB：YA 和 YB 两通道同时工作，通过 YA 通道的"极性"作用开关，可以显示两通道输入信号的和或差。

YB：YB 通道放大器单独工作，"断续"受电子开关的自励振荡频率（约 200 kHZ）的控制，使两通道交替工作，从而显示双踪信号。"断续"电子开关以 250 kHZ 的固定频率，轮换接通 YA 和 YB 通道，从而实现双踪显示，在双踪显示器工作过程中信号频率较低时使用。

（2）DC⊥AC：Y轴输入选择开关。用以选择被测信号反馈至示波器输入端的耦合方法。置于"DC"位置，能观察含有直流分量的输入信号。当置于"AC"位置时，只耦合交流分量，切断输入信号中含有的直流分量。当开关置于"⊥"位置时，Y轴放大器的输入端与被测输入信号切断，双踪示波器内放大器的输入端接地，能够检测出地电位的显示位置，具有操作简便的优点，一般在测试直流电平时做参考用。

（3）微调 V/div：灵敏度选择开关及其微调装置。黑色旋钮是Y轴灵敏度的粗调装置，从 10 mV/div ~ 20 mV/div 分 11 挡，可依据被测信号的幅度选择最适当的观测挡级。当"微调"的红色旋钮以顺时针方向旋转至满度时（即"校准"位置），按照黑色旋钮所指示面板上的数值读取被测信号的幅度值。

"微调"的红色旋钮是用来连续调节输入信号增益的细调装置。可连续调节"微调"装置，获取各挡级之间的灵敏度。做定量测试时，此旋钮应该处在顺时针满度的"校准"位置上。

（4）平衡：当Y轴放大器输入级电路出现不平衡时，显示的光点或波形会随"V/div"开关的"微调"转动而作Y轴轴向位移，"平衡"控制器可以把这种变化调制最小。

（5）↑↓—Y轴移位：双踪示波器使用中，用它来调节波形或光点的垂直位置。当显示位置高于所要求的位置时，可以逆时针方向调整，使波形下移；如果位置偏低，可以顺时针方向调整，使显示的被测波形上移，调到所需要的位置上。

（6）极性拉—YA：在YA系统通道中，设有极性转换按拉式开关。示波器在使用过程中，将此开关拉出时，YA通道为倒相显示。

（7）内触发拉—YB：该开关在"按"的位置上，扫描的触发信号取自经放大后 YA 及 YB 通道的输入信号；在"拉"的位置上，扫描的触发信号只取自 YB 通道的输入信号，通常适用于有时间关系的两路跟踪信号显示。

（8）Y轴输入插座：属于BNC型插座。使用示波器时，被测信号从此直接插入或经探头输入。

3. 示波器 X 轴插件

（1）微调 t/div：扫描速度开关。使用双踪示波器显示电压与时间的关系曲线时，通常以Y轴表示电压，X轴表示时间。示波器屏幕上的光点沿X轴方向的移动速度由扫描速度开关"微调 t/div"来决定。将开关上的"微调"电位器按顺时针方向转至满度，并接上开关后，即为"校准"位置，此时面板上所指示的标称值就是扫描速度值。

（2）校准：扫描速度校准装置，使用示波器时，可以借助较高精度的时标信号校准扫描速度。

（3）扩展拉×10：双踪示波器的拓展装置，为按拉式开关。在"按"的位置上仪器作正常使用；在"拉"的位置时，X轴放大显示，可以扩大 10 倍，此时，面板上的扫速标称值必须以 10 倍计算，放大后的允许误差值应相应增加。

（4）→X轴移位：为套轴旋钮，用来调节示波器时基线或光点的位置。顺时针旋转时，时基线向右移；逆时针旋转时，时基线向左移。其套轴上的小旋钮为细调装置。

（5）外触发×外接"插座：为 BNC 型插座。示波器使用时，该插座可以作为连接外触发信号的插座，也可以用作 X 轴放大器外接信号的输入插座。

（6）电平：用于选择输入信号波形的出发点，在某一所需的电平上启动扫描。当触发电平的位置越过触发区域时，扫描将不被启动，屏幕上无波形显示。

（7）稳定性：半调整器件，用于调整扫描电路的工作状态，以达到稳定的触发扫描，调准后不需要经常调节。

（8）内外：触发源选择开关。在"内"的位置上，扫描触发信号取自 Y 轴通道的被测信号；在"外"的位置上，触发信号取自外来信号源，即取自"外触发×外接"输入端的外接触发信号。

（9）AC AC（H）DC：触发耦合方式选择开关。有三种耦合方式。在外触发输入方式时，也可以同时选择输入信号的耦合方式。

"AC"触发形式：属于交流耦合方式，由于触发器的直流分量已被切断，因而其触发性能不受直流分量的影响。

"AC（H）"触发形式：属于低频抑制状态，通过高频滤波器进行耦合，高频滤波器起抑制低频噪声或低频信号的作用。

"DC"触发形式：属于直流耦合方式，可用于对变化缓慢的信号进行触发扫描。

（10）高频触发自动：触发方式开关。其作用是按不同的目的或用途转换触发方式。开关置于"高频"时，扫描处于"高频"同步状态；机内产生大约 50 kHz 的自励信号，对被测信号进行同步扫描。本方式通常用于观察较高频率信号的波形。开关置于"触发"时，是观察脉冲信号常用的触发扫描方式，由来自 Y 轴或外接触发源的输入信号进行触发扫描。开关置于"自动"时，扫描处于自励状态，不必调整"电平"旋钮，即能自动显示扫描线，适用于观测较低频率信号。

（11）+—：触发极性开关。用于选择用信号的上升沿或下降沿来触发扫描。

"+"扫描：以输入触发信号波形的上升沿进行触发并使扫描启动。

"−"扫描：以输入触发信号波形的下降沿进行触发并使扫描启动。

4. 后面板

电源插座专供双踪示波器总电源输入时使用。该机型提供的电源插头插带有保险丝的底座，保险丝规格是 1 A。

5. 底盖板

底盖板上"YA"增益校准""YB 增益校准"，分别调准 YA、YB 通道的灵敏度。

（二）示波器的使用方法

1. 通电后检查

示波器初次使用前或久藏复用时，要进行一次能否工作的简单检查和扫描电路稳定度、垂直放大电路直流平衡的调整。示波器在进行电压和时间的定量测试时，还必须进行垂直放大电路增益和水平扫描速度的校准，如图 20-3 所示。

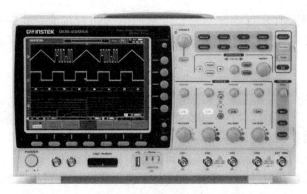

图 20-3　示波器校准

2. 预置面板各开关、旋钮

调节亮度聚焦等控制旋钮，可出现纤细明亮的扫描基线，调节基线使其位置于屏幕中间与水平坐标刻度基本重合。调节轨迹旋转控制开关使基线与水平坐标平行。

（1）选择 Y 轴耦合方式。根据被测信号频率的高低，将 Y 轴输入耦合方式选为"AC-地-DC"，开关置于 AC 或 DC。

（2）选择 Y 轴灵敏度。根据估计的被测信号峰-峰值（如果采用衰减探头，应除以衰减倍数；在耦合方式取 DC 挡时，还要考虑叠加的直流电压值），将 Y 轴灵敏度选择"V/div"开关（或 Y 轴衰减开关）置于适当挡级。实际使用中如不需读取电压值，可适当调节 Y 轴灵敏度微调（或 Y 轴增益）旋钮，使屏幕上显现所测波形，如图 20-4 所示。

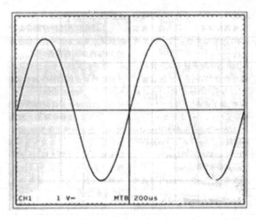

图 20-4　波形显示

（3）选择触发（或同步）信号来源与极性。通常将触发（或同步）信号极性开关置于"+"或"－"挡。

（4）选择扫描速度。根据被测信号周期（或频率）的估计值，将 X 轴扫描速度"t/div"开关（或扫描范围）置于适当挡级。实际使用中如不需读取时间值，可适当调节扫速"t/div"微调（或扫描微调）旋钮，使屏幕上显示测试波形适当的周期数。如果需要观察的是信号的边沿部分，则扫速"t/div"开关应置于最快扫速挡。

（5）输入被测信号。被测信号由探头衰减后（或由同轴电缆不衰减直接输入，但此时的输入阻抗降低、输入电容增大），通过 Y 轴输入端输入示波器。

注意：当示波器没有光点或波形时，应检测电源是否接通，或检查是否因辉度旋钮未调节好、X，Y轴移位旋钮位置调偏、Y轴平衡电位器调整不当，导致直流放大电路严重失衡。

3. 使用时注意

（1）显示信号。一般示波器均有 0.5V P-P 标准方波信号输出口，调妥基线后，即可将探头接入此插口，此时屏幕应显示一串方波信号，调节电压量程和扫描时间旋钮，方波的幅度和宽度应有变化，至此说明该示波器基本调整完毕，可以投入使用。

（2）测量信号。将测试线接入 CH1 或 CH2 输入插座，测试探头触及测试点，即可在示波器上观察波形。如果波形幅度太大或太小，可调整电压量程旋钮；如果波形周期显示不合适，可调整扫描速度旋钮。

4. 荧光屏

荧光屏是示波器的显示部分。屏上水平方向和垂直方向各有多条刻度线，指示出信号波形的电压和时间之间的关系。水平方向指示时间，垂直方向指示电压。水平方向分为 10格，垂直方向分为 8 格，每格又分为 5 份。垂直方向标有 0%，10%，90%，100%等标志，水平方向标有 10%，90%标志，供测直流电平、交流信号幅度、延迟时间等参数使用。根据被测信号在屏幕上占的格数乘以适当的比例常数（V/DIV，TIME/DIV）能得出电压值与时间值。

示波器操作可总结为表 20-1。

表 20-1　示波器操作表格

操作要求	调节按钮	标记	现象
示波器输入接地	GND	左下角有	中间水平一条直线
选择输入通道	CH1 或 CH2	相应指示灯亮	—
选择信号输入方式	AC/DC	交流～直流	—
根据输入通道选择触发源	SOURCE	右下角有 CH1-CH2 变化	
根据信号选择耦合方式	COUPLING	右下角有 AC-HFR 变化	
纵向调节	VOLTS/DIV		图形纵向缩放
横向调节	TIME/DIV		图形横向缩放
调节图形稳定	LEVEL	TAG 亮	图形稳定
测量物理量的选择	COURSORE	ΔT-ΔV-1/ΔT 变化	标尺变化
选择操作标尺	TRK	标尺上有 ▼ 出现	▼位置变化
移动操作标尺	旋 VARIABLE		标尺移动
切换移动标尺的粗调细调	按 VARIABLE		
处于校准状态	按 TIME/DIV	VAR 红灯灭	

二、使用双踪示波器测量基本电参量的方法

（一）测量前的准备工作

（1）将示波器探头插入通道1插孔，并将探头上的衰减置于"1"挡。

（2）将通道选择置于CH1，耦合方式置于DC挡。

（3）将探头探针插入校准信号源小孔内，此时示波器屏幕出现光迹。

（4）调节垂直旋钮和水平旋钮，使屏幕显示的波形图稳定，并将垂直微调和水平微调置于校准位置。

（5）读出波形图在垂直方向所占格数，乘以垂直衰减旋钮的指示数值，得到校准信号的幅度。

（6）读出波形每个周期在水平方向所占格数，乘以水平扫描旋钮的指示数值，得到校准信号的周期（周期的倒数为频率）。

（7）一般校准信号的频率为1 kHz，幅度为0.5 V，用以校准示波器内部扫描振荡器频率，如果不正常，应调节示波器（内部）相应的电位器，直至正确。

（二）示波器测量电压

1. 注意事项

（1）被测信号频率较低时可采用探头。如果信号幅度较小，用10∶1探头，灵敏度太低时，可直接用屏蔽线连接示波器Y轴输入端与测试点。

（2）被测信号频率较高时，用探头比用屏蔽线或普通电缆失真小，精度高。但测试距离将受探头电缆长度的限制，其灵敏度将随探头的衰减而有所下降。一般测量高频时可采用同轴电缆。

2. 交流电压测量步骤

（1）将待测信号送至CH1或CH2的输入端。

（2）把输入耦合开关置于"AC"位置。

（3）调整垂直灵敏度开关"V/DIV"于适当位置，垂直微调旋钮置"CAL"位置（顺时针旋到头）。分别调整水平扫描速度开关和触发同步系统的有关开关，使荧光屏上能显示一个周期以上的稳定波形。计算被测电压波形的峰-峰值U_{P-P}：

$$U_{P-P} = 峰值偏转刻度数 \times 偏转灵敏度$$

被测交流信号电压的有效值可以用下列关系转换成有效值U，即

$$U = \frac{U_{P-P}}{2\sqrt{2}}$$

3. 直流电压的测量步骤

（1）将待测信号送至CH1或CH2的输入端。

（2）把输入耦合开关"AC—GND—DC"置于"GND"位置，显示方式置"AUTO"。

（3）旋转"扫描速度"开关和辉度旋钮，使荧光屏上的显示一条亮度适中的时基线。

（4）调节示波器的垂直位移旋钮，使时基线与一水平刻度线重合，此时的位置作为零电平参考基准线。

（5）把输入耦合开关置于"DC"位置，垂直微调旋钮置"CAL"位置（顺时针施到头），此时就可以在荧光屏上按刻度进行电压 U 的读数了：

$$U=偏转刻度数 \times 偏转灵敏度$$

（三）示波器测量电流

示波器测量电流时需要一个精度高、阻值很小阻值且已知的无感电阻器，测得其两端电压后根据欧姆定律换算为电流值。

（四）示波器测量波形时间及周期

时间间隔测量步骤如下：

（1）将待测信号送至 CH1 或 CH2 输入端。

（2）调整垂直灵敏度开关"V/DIV"于适当位置，使荧光屏上显示的波形幅度适中。

（3）选择适当的扫描速度，并将扫描微调至"校准"位置，使被测信号的周期占有较多的格数。

（4）调整"触发电平"或触发选择开关，显示出清晰、稳定的信号波形。

（5）纪录被测两点间的距离（格数）。测量时间时两被测点之间是沿 x 轴方向读数，量程是由 x 轴时基扫描速度开关"t/cm"决定的。

（6）被测两点时间间隔=t/DIV×格数。

（7）读出波形每个周期在水平方向所占格数，乘以水平扫描旋钮的指示数值，就可得到被测信号的周期 T。

（五）示波器测量频率

可利用用时间测量法确定频率。周期的倒数为频率，即被测信号的频率 $f = \dfrac{1}{T}$。

（六）用双踪示波器测量两波形间的相位差

（1）将函数信号发生器的输出电压调至频率为 1 kHz，幅值为 2 V 的正弦波；经 RC 移相网络获得频率相同但相位不同的两路信号 U_i 和 U_R，分别加到双踪示波器的 Y1 和 Y2 的输入端。为便于稳定波形，应该使内触发信号取自被设定的一路信号，以该信号为测量基准。

（2）把显示方式开关置于"交替"挡位，将 Y1 和 Y2 输入耦合方式开关置于"⊥"挡位，调节 Y1、Y2 的"↑↓"移位旋钮，使两条扫描基线重合。

（3）将 Y1、Y2 输入耦合方式开关置"AC"挡位，调节触发电平、扫描开关及 Y1、Y2 灵敏度开关位置，使在荧光屏上显示易于观察的两个相位不同的正弦波 U_i 及 U_R，如图 20-5 所示。根据两波形在水平方向的差距 X 及信号周期 X_T，则可求得两波形相位差 θ，即

$$\theta = \frac{X(\text{div})}{X_T(\text{div})} \times 360°$$

式中　X_T——一个周期所占个数；

　　　X——两个波形在 X 轴方向的差距格数。

为了读数和计算方便，可适当调节扫速开关及微调旋钮，使波形的一个周期占整数格。

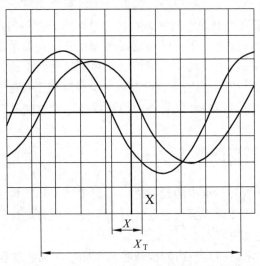

图 20-5　双踪示波器显示两相位不同的正弦波

记录两波形的相位差于表 20-2 中。

表 20-2　双踪示波器测量相位差记录表

一个周期格数	两个波形在 X 轴上的差距格数	相位差（θ）	
		实际测测值	理论计算值
X_T	X		

三、示波器使用时的注意事项

（1）双踪示波器使用前，应检查电网电压是否与双踪示波器的电源电压要求一致。检查旋钮、开关、电源线有无问题，示波器的电源线应选用三芯插头线，机壳应该良好接地，防止机壳带电引发事故。仔细阅读使用说明，注意测试前的设置、注意探头和阻抗的匹配。使用操作仪器时，必须佩带防静电手环，遵循防静电流程。

（2）使用示波器时，辉度不宜调得过亮，不能让光点长期停留在一点。若暂不观察波形，应该将辉度调暗。

（3）调聚焦时，应该注意采用光点聚焦而不要用扫描线聚焦，这样才能使电子束在 X、Y 方向都能很好地聚拢。

（4）输入电压幅度不能超过示波器允许的最大输入电压。

（5）注意信号连接线的使用。当被测信号为几十万赫兹以下时，可以使用一般导线连接；

当信号幅度较小时，应当采用屏蔽线连接，以防干扰；当测量脉冲信号和高频信号时，必须使用高频同轴电缆连接。

（6）应合理使用探头。在测量低频高压电路时，应该选用电阻分压器套头；在测量高频脉冲电路时，应该选用低电容探头，并注意调节微调电容，以保证高频补偿良好。探头和示波器应该配套使用，一般不能互换，否则会导致误差增加或高频补偿不当。

（7）定量观测应该在示波器屏幕中心区域进行，以减小测量误差。

（8）对于 X 轴扫描带有扩展的示波器，若利用双踪示波器本身的扫描频率能正常测试，则应该尽量少用扩展功能，因为利用扩展功能要增大亮度，有损示波器的使用寿命。

（9）示波器不能在强磁场或电场中使用，以免测量时受到干扰，导致测量结果不准确。

（10）示波管的屏蔽罩一般采用坡莫合金制成，检修时切不可敲击和碰撞，以免影响屏蔽性能。对探头等附件，也不可摔打，以防将内部器件摔坏或改变其性能。

四、示波器的维护与保养

示波器是电子测量领域必不可少的设备之一（见图 20-6），其使用日益广泛，已经成为日常工作生产中的利器。合理的维护与保养，有助于使其拥有更长的使用寿命，保持良好的性能状态。日常维护的主要内容是：

（1）电源线的插头和电源插线板内的接线必须紧固、可靠、避免使用中发生触电或短路事故。

（2）当示波器关机后，不能马上开机，需要过十几秒。测试结束后探头要妥善存放，通道需要盖帽，避免灰尘进入。

（3）仪器使用时要注意通风散热，避免环境过于潮湿，保持洁净少尘，并定期给仪器除尘。

（4）定期检测和保养。每个月对示波器至少进行一次半小时的加电热机，并进行自检。使用时应爱惜，切勿碰摔。维护保养记录如表 20-3 所示。

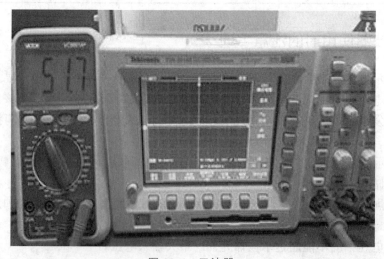

图 20-6　示波器

表 20-3 示波器的维护保养记录表

项　目	日　期						
检查仪器外部表面是否清洁，仪器上不能堆放物品							
检查仪器各功能按钮、开关、接线柱是否完好							
检查上电后仪器指示灯是否亮，仪表自检是否正常							
检查仪器显示是否正常，无闪动，显示清晰							
检查仪器各功能按钮与显示是否一致							
用标准探头打到×1挡测试CH1通道标准波是否正常(自检)							
用标准探头打到×1挡测试CH2通道标准波是否正常(自检)							
用标准探头测试波形为1kHz，$3V_{p\text{-}p}$方波是否正常。							

【实训与思考】

（1）示波器显示稳定波形的条件是什么？

（2）示波器的扫描电压有什么要求？怎样控制扫描电压的幅度？

（3）使用一款双踪示波器，熟悉面板旋钮的功能。双踪示波器的"交替"与"断续"显示方式有什么区别？

（4）比较数字存储示波器与模拟示波器的异同点。

（5）u_1 和 u_2 为同频率的正弦信号，用双踪示波器测量相位差，显示图形如图 20-7 所示，测得 x_1=1.5 diV，x =8 diV，求相位差 $\Delta\varphi$ 。

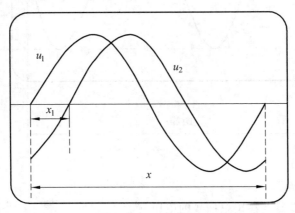

图 20-7　正弦信号

（6）示波器观测正弦信号时得到如图 20-8 所示波形，已知信号连接正确，示波器工作正常，试分析产生的原因，并说明如何调节有关的开关旋钮，才能正常的显示波形。

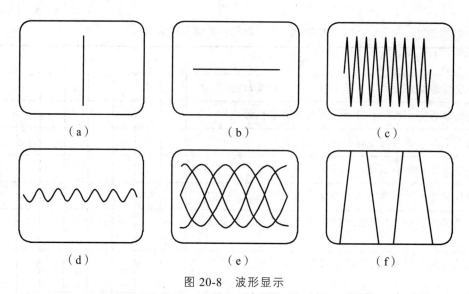

（a）　　　　　　　　（b）　　　　　　　　（c）

（d）　　　　　　　　（e）　　　　　　　　（f）

图 20-8　波形显示

（7）已知示波器的偏转因数 D_y=0.2 V/cm，荧光屏的水平方向长度为 10 cm。

（a）若时基因数为 0.05 ms/cm，所观测的波形如图 20-9 所示，求被测信号的峰-峰值及频率。

（b）若要在荧光屏上显示该信号的 10 个周期波形，时基因数应该取多大？

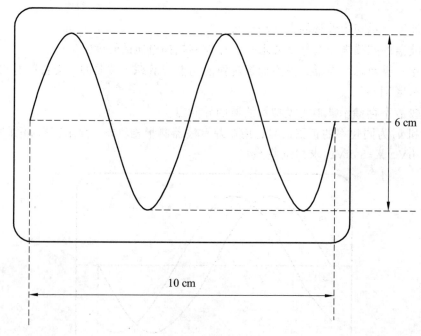

6 cm

10 cm

图 20-9　波形显示

（8）使用一台示波器观察正弦信号的电压波形。

（a）熟悉示波器面板上各个旋钮的功能。

（b）熟悉各个接线孔和探头的位置。

（c）"输入耦合选择"旋钮和"触发电平控制"旋钮功能。输入正弦信号 f=1 kHz，U=0.8 V，将观察到的波形记录于表 20-2 中。

表 20-2　荧光屏显示波形

触发电平	输入耦合选择	荧光屏显示波形
按进（+极性）	AC	
	GND	
	DC	
拉出（－极性）	AC	

（9）"扫描时间"选择开关控制功能。输入正弦信号的幅值保持在 0.8V，调节信号频率，将观察到的结果记录于表 20-3 中。

表 20-3　"扫描时间"选择开关控制情况

信号频率	屏幕上要求显示波形周期数	扫描时间选择（t/div）	波形所占水平格数	换算后的信号频率
500 Hz	1			
2 kHZ	1～3			
10 kHz	3～5			

(10) "伏/格（V/div）"选择开关功能。保持输入正弦信号为 1 kHz，改变信号幅度，将观察结果记录于表 20-4 中。

表 20-4　"伏/格"选择开关情况

信号电压/mV	Y 轴灵敏度选择/（V/div）	波形所占垂直格数	换算后的电压有效值

项目二十一　场效应管测试仪的使用

功率场效应管测试仪主要用于功率场效应管和 IGBT 管的质量检验、参数的配对以及其他电子元器件的耐压测试。它是电子工业中常用的电子器件测试仪器之一，可以准确测量击穿电压 V_{dss}、栅极开启电压 V_{gs}（th）和放大特性参数跨导 G_{fs} 等技术参数。如图 21-1 所示。

图 21-1　功率场效应管测试仪

一、使用方法

打开电源开关。注意：Idm 开关和高压开关应拨在 OFF 位置上。

（一）塑封功率场效应管的测试

按照仪表使用说明书，连接好场效应管专用测试盒和两根粗的专用测试线。

1. 击穿电压 V_{dss} 和栅极开启电压 V_{gs}（th）的测量

先根据被测管测量 V_{dss} 和 V_{gs}（th）的技术条件，选择好 Idss 开关上的电流值（在不知道测试条件时一般是 MOS 功率场效应管选择 250 μA，IGBT 选择 1mA）。把高压开关拨至 ON，先调节"高压调节"电位器使数字表显示大于被测器件击穿电压点 130% ~ 150%。测试时只要击穿指示灯亮了就说明电压已经足够。注意：调好后必须把"高压"开关关断（拨置 OFF 位置上）。

把被测的场效应管插入 Vdss /Vgs（th）测试座（注意：TO-220 或 TO-3P 封装都必须把中间的 D 极对应插入插座中间孔"D"中）。若先测 V_{dss}，则先把测试盒右侧开关拨至 Vdss 位，然后按下仪器右下方的 Vdss 按钮，电压表立即显示该被测管的击穿电压值。再把测试盒开关拨至 Vgs（th）位，按下仪器右下方的 Vgs（th）按钮，电压表立即显示该被测管的栅极开启电压值，一般为 2 ~ 6 V。

【例 1】　IRFZ44N 测试 V_{dss} 和 V_{gs}（th）时的 I_{dss} 电流要求为 250 μA，所以把 Idss 开关拨至 250 μA，把测试盒开关拨至 Vdss，按下 Vdss 测量按钮，电压表显示为 60 V，再把测试盒开关拨至 Vgs（th），按下 Vgs（th）测量按钮，电压表显示为 2.5 V。测试结果为：击穿电压 V_{dss}=60 V，栅极开启电压 V_{ds}（th）=2.5 V。

2. 跨导 G_{fs} 的测试

测试跨导 G_{fs} 时必须使用两根粗的附加测试线，并按要求连接好，测试前仪器右上角的 Idm 开关必须先拨在 OFF 上。插上被侧管，把 S2 线的鳄鱼夹头夹住被测管的 S1 脚根部（注意：不要和 D 极短路）。把 Idm 开关拨至 ON，会看到短路指示灯亮后即灭，机内的蜂鸣器响后又停，属正常现象。先后调节脉冲电流 I_{dm1} 粗调和细调电位器至被测场效应管测试 G_{fs} 参数时的电流值，当数字基本稳定后按下脉冲电流 I_{dm2} 测试按钮，并读取电流值。

本仪器跨导 G_{fs} 的计算方法：$S=(I_{dm2}-I_{dm1})\times10$，一般用心算即可读取。

【例2】 IRFZ44N 测试跨导时的标准电流要求为 25 A，则粗细调节 I_{dm1} 为 25.0 A，当按下 I_{dm2} 按钮时电流显示为 27.3 A，则该管的跨导 $S=(27.3-25.0)\times10=23$。测试完毕后必须先把 Idm 开关关断（拨至 OFF）方可更换另一管子。正规公司生产的同一型号同一批次的管子跨导参数的离散性一般较小，测试时用抽检方式即可。

3. 大电流条件下 I_D 一致性测试（即配对）

该方法主要用于一批同型号同品牌的场效应管，在栅压不变的条件下，测试其大电流 I_D 的一致性。 由于功率场效应管在同一栅压条件下输出的 I_D 值往往有很大的离散性，即使是同一公司生产的同批次管子也不能保证其 I_D 完全的一致，对于不同公司生产的同一型号管子其 I_D 的差别有时候会相差很大，所以大电流条件下 I_D 一致性测试，是用于多个并联应用或推挽应用电路中很重要的一步。（测试操作方法同跨导测试法的 I_{dm1} 电流测量）。一致性测试前请先选择好参考样管。

（二）塑封功率 IGBT 管的测试

塑封功率 IGBT 管的测试方法完全和测试功率场效应管相同，所不同的仅是引出脚的名称和被测参数的符号有区别。

（三）其他封装形式的功率场效应管及 IGBT 管的测试

本仪器提供的测试盒主要用于 TO-126、TO-220、TO-3P 等同类封装形式的场效应管和 IGBT 管的测试用，对于非上述封装形式的器件（包括模块型），本仪器提供有测试线，也同样可以进行参数的测量，具体的连接方法请参照"测试线测量法连接图"。

（四）其他更大标称电流和功率的场效应管及 IGBT 的测试

虽然本仪器对器件的标称电流和功率的测量范围界定在约 85 A/300 W 以内，但实际上，当所使用的器件超出本仪器的界定范围以外时，仪器同样可以在 $I_{dm}=50$ A 的条件下测试跨导参数，同样可以测量 V_{dss} 和 V_{gs}（th）。

（五）各类晶体三极管、二极管击穿电压，稳压管、压敏电阻电压的测试

测量各类晶体三极管、二极管的击穿电压，稳压管、压敏电阻电压的方法请查阅"测试线测量法"。

二、注意事项

（1）测量 I_{dm} 和 G_{fs} 时必须先插好被测管，夹好 S2 夹头后方可打开 Idm 测量开关，测量完毕后必须先关断 Idm 开关，才可松开 S2 鳄鱼夹头。不允许在没有关闭 Idm 开关时就去松开 S2 鳄鱼夹头，这样会产生大电流火花，很可能损坏被测器件。

（2）测量 I_{dm1} 时电流表读数可能会有飘移，电流越大相对飘移也越大，这是被测管发热所至，系正常现象，可以采用快速读数或等其热稳定后再读数（用于大电流一致性测量时更需要采用快数读数）的方法。一般由于 N 沟导管电流的热飘移，数字表读数会逐渐增大；由于 P 沟导管的热飘移，数字表读数会逐渐减小。若被测管在测试 I_{dm1} 电流时数字表尾数读数无规则地波动（完全不同于热飘移），则应考虑可能是该器件内部噪声过大所致。

（3）标称电流大的器件在 I_{dm1} 电位器调节时，电流会调节到 80 A 以上，但这个电流值并不适宜用作跨导的测量，也不适宜用作大电流的一致性配对，因为在电流超过 60 A 后测量误差将明显增加，测量的读数也变得很不稳定。

（4）测量 V_{dss} 和 V_{gs}（th）时，高压开关必须在 OFF 位上，测量时必须采用 Vdss 和 Vgs（th）按钮测量。

（5）当 I_{dm} 电流超过约 30 A 时，仪器内部可能会产生轻微的哒、哒、哒的声音，系正常现象。

（6）测试盒的插座系易损品，使用中应轻插轻拔，尽可能地延长插座的使用寿命，禁止将管脚十分毛糙的器件插入管座中，对这些管脚毛糙的器件应先整平打光后再测试，但最好采用测试线测量法。仪器的附件中有四个插座附件，损坏后可按测试盒接线图自行更换，插座附件系通用接插件，可在电子市场购买。

（7）两根粗的测试线上的香蕉插头和鳄鱼夹头，必须有良好的弹性，以保持较小的接触电阻，当弹性减弱时须进行修理或更换。

（8）仪器使用完毕后应把 Idm 开关和高压开关置于 OFF 位上。

项目二十二　晶体管特性图示仪的使用

晶体管特性图示仪是一种能对晶体管的特性参数进行测试的仪器。（见图 22-1）荧光屏的刻度可以直接观测半导体管的共集电极、共基极和共发射极的输入特性、输出特征、转换特征，β参数以及α参数等，并可根据需要，测量半导体管的其他各项极限特性与击穿特性参数，如反向饱和电流I_{cbo}，I_{ceo}和各种击穿电压BV_{ceo}等参数。

图 22-1　晶体管特性图示仪

晶体管特性图示仪型号较多，主要的工作原理和内部结构基本相同。最大区别是测量范围和精度有所不同，操作面板的结构也就有所不同，如图 22-2 所示。使用时，一定要先学习所使用型号的晶体管特性图示仪的说明书，并且严格按照说明书的指示，熟悉面板上的各个旋钮的功能和注意事项。

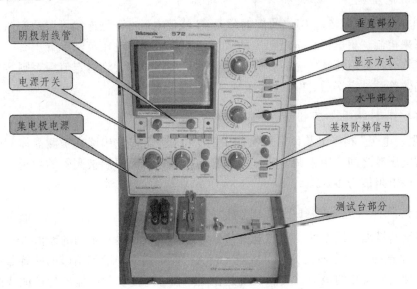

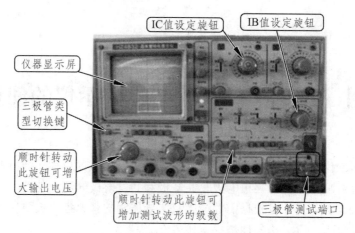

图 22-2　不同型号的晶体管特性图示仪面板

一、晶体管特性图示仪面板主要旋钮

1."电压（v）/度"旋钮开关

此旋钮开关是一个具有 4 种偏转作用，共 17 挡的旋钮开关，用来选择图示仪 *X* 轴所代表的变量及其倍率。在测试小功率晶体管的输出特性曲线时，该旋钮置 VCE 的相关挡。测量输入特性曲线时，该旋钮置 VBE 的相关挡。

2."电流/度"旋钮开关

此旋钮开关是一个具有 4 种偏转作用，共 22 挡的旋钮开关，用来选择图示仪 *Y* 轴所代表的变量及其倍率。在测试小功率晶体管的输出特性曲线时，该旋钮置 Ic 的相关挡。测量输入特性时，该旋钮置"基极电流或基极源电压"挡（仪器面板上画有阶梯波形的一挡）。

3."峰值电压范围"开关和"峰值电压%"旋钮

"峰值电压范围"是 5 个挡位的按键开关。"峰值电压%"是连续可调的旋钮。它们的共同作用是用来控制"集电极扫描电压"的大小。不管"峰值电压范围"置于哪一个挡，都必须在开始时将"峰值电压%"置于 0 位，然后逐渐小心地增大到一定值。否则容易损坏被测管。一个晶体管测试完毕后，"峰值电压%"旋钮应回调至零。

4."功耗限制电阻"旋钮

"功耗限制电阻"相当于晶体管放大器中的集电极电阻，它串联在被测晶体管的集电极与集电极扫描电压源之间，用来调节流过晶体管的电流，从而限制被测管的功耗。测试功率管时，一般选该电阻值为 1 kΩ。

5."基极阶梯信号"旋钮

此旋钮给基极加上周期性变化的电流信号。每两级阶梯信号之间的差值大小由"阶梯选择毫安/级"来选择。为方便起见，一般选 10 μA。每个周期中阶梯信号的阶梯数由"级族"来选择，阶梯信号每簇的级数，实际上就是在图示仪上所能显示的输出特性曲线的根数。阶梯信号每一级的毫安值的大小，反映了图示仪上所显示的输出特性曲线的疏密程度。

6. "零电压"、"零电流" 开关

此开关是对被测晶体管基极状态进行设置的开关。当测量管子的击穿电压和穿透电流时，都需要使被测管的基极处于开路状态。这时可以将该开关设置在"零电流"挡（只有开路时，才能保证电流为零）。当测量晶体管的击穿电流时，需要使被测管的基、射极短路，这时可以通过将该开关设置在"零电压"挡来实现。

二、晶体管特性图示仪测量三极管的直流参数

晶体管在电子技术方面具有广泛的应用。在制造晶体管和集成电路以及使用晶体管的过程中，都要检测其性能。晶体管输入、输出及传输特性普遍采用直接显示的方法来获得特性曲线，进而可测量各种直流参数。

（一）晶体管特性图示仪测试原理

利用晶体管特性图示仪测试晶体管输出特性曲线的原理如图 22-3 所示。图中 T 代表被测的晶体管，R_B、E_B 构成基极偏流电路。取 $E_B \gg V_{BE}$，可使 $I_B = (E_B - V_{BE})/R_B$ 基本保持恒定。在晶体管 C-E 之间加入一锯齿波扫描电压，并引入一个小的取样电阻 R_C，这样加到示波器 X 轴和 Y 轴上的电压分别为 $V_X = V_{CE} = V_{CA} - I_C \cdot R_C \approx V_{CA}$，$V_Y = -I_C \cdot R_C - I_C$。

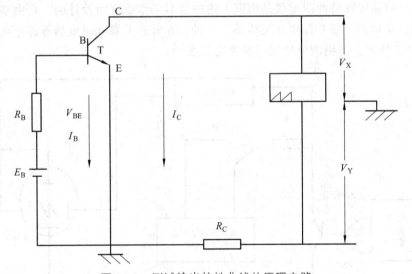

图 22-3　测试输出特性曲线的原理电路

当 I_B 恒定时，在示波器的屏幕上可以看到一根 I_C-V_{CE} 的特性曲线，即晶体管共发射极输出特性曲线。为了显示一组在不同 I_B 的特性曲线簇 $I_{ci} = \phi(I_{Ci}, V_{CE})$ 应该在 X 轴的锯齿波扫描电压每变化一个周期时，使 I_B 也有一个相应的变化，所以应将图 1 中的 E_B 改为能随 X 轴的锯齿波扫描电压变化的阶梯电压。每一个阶梯电压能为被测管的基极提供一定的基极电流，这样不同的阶梯电压 V_{B1}、V_{B2}、V_{B3}…就可对应地提供不同的恒定基极注入电流 I_{B1}、I_{B2}、I_{B3}…。只要能使每一阶梯电压所维持的时间等于集电极回路的锯齿波扫描电压周期，如图 22-4 所示，就可以在 T_0 时刻扫描出 $I_{C0} = \phi(I_{B0}, V_{CE})$ 曲线，在 T_1 时刻扫描出 $I_{C1} = \phi(I_{B1}, V_{CE})$ 曲

线。通常阶梯电压有多少级，就可以相应地扫描出有多少根 $I_C=\phi\,(\,I_B,\ V_{CE}\,)$ 输出曲线。

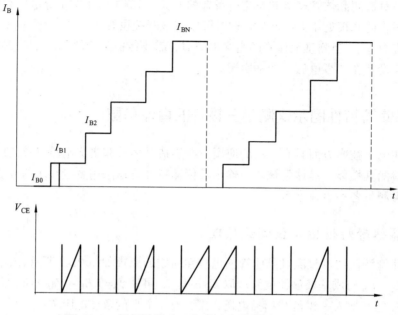

图 22-4　基极阶梯电压与集电极扫描电压间关系

　　YB4812 型晶体管特性图示仪是根据上述的基本工作原理而设计的。它由基极正负阶梯信号发生器，集电极正负扫描电压发生器，X 轴、Y 轴放大器和示波器等部分构成。其组成框图如图 22-5 所示，详细调节情况可参考说明书。

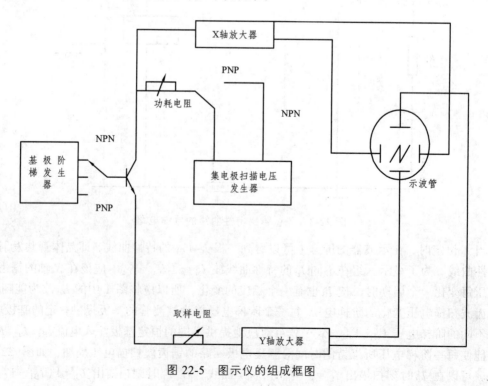

图 22-5　图示仪的组成框图

（二）晶体管特性图示仪测试内容与步骤

描述晶体管的参数很多，双极型晶体管直流参数的测试主要包括：输出特性曲线、反向特性测试、直流电流增益。

1. 三极管输出特性曲线和β值的测量

1）输出特性曲线

基极电流I_B一定时，晶体三极管的i_C和u_{CE}之间的关系曲线叫作输出特性曲线。如图22-6、图22-7所示。曲线以i_C（mA）为纵坐标，以u_{CE}（V）为横坐标给出，I_B为参变量。图上的点表示了晶体管工作时I_B、u_{CE}、i_C三者的关系，即决定了晶体三极管的工作状态。从曲线上可以看出，晶体管的工作状态可分成三个区域。饱和区：u_{CE}很小，i_C很大。集电极和发射极饱和导通，好像被短路了一样。这时的u_{CE}称作饱和压降。此时晶体管的发射结、集电结都处于正向偏置。放大区：在此区域中i_B的很小变化就可引起i_C的较大变化，晶体管工作在这一区域才有放大作用。在此区域i_C几乎不受u_{CE}控制，曲线也较为平直，此时管子的发射结处于正向偏置，集电结处于反向偏置。截止区：$I_B = 0$，i_C极小，集电极和发射极好像断路（称截止），管子的发射结、集电结都处于反向偏置。

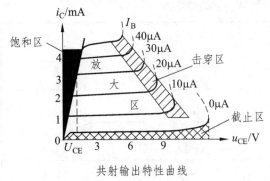

共射输出特性曲线

图22-6　理论输出特性

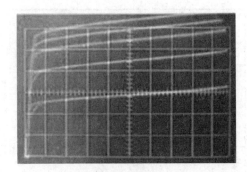

图22-7　实测输出特性

2）直流电流增益

共发射极电路直流电流增益的定义如下：$\beta \approx \Delta I_C / \Delta I_B |_{U_{CE}} = $ 常数

（1）3DK2：以NPN型3DK2晶体管为例，查三极管手册得知3DK2的测试条件为$V_{CE}=20V$、$I_C=10$ mA。将光点移至荧光屏的左下角作为坐标零点。

具体调节方式：

峰值电压范围$0 \sim 10$ V，Y轴集电极电流1 mA/度，X轴集电极电压0.5 V/度，功耗电阻250 Ω，幅度/级10 μA，管脚：E-B-C（型号正面从左至右）。

逐渐加大峰值电压就能在显示屏上看到一簇特性曲线，读出X轴集电极电压$U_{CE}=1$ V时最上面一条曲线（每条曲线为10 μA，最下面一条$I_B=0$不计在内）I_B值和Y轴的i_C值。为了便于读数，可将X轴的"伏/度"开关由原来的"集电极电压U_C"改置"基极电流I_B"，就得到i_C-I_B曲线，其曲线斜率就是电流传输特性曲线。如图22-7所示。

PNP型三极管β值的测量方法同上，只需改变扫描电压极性、阶梯信号极性、并把光点移至荧光屏右上角即可。

（2）测试 3DG6 的具体调节方式：

峰值电压范围 0～10 V，Y 轴集电极电流 1 mA/度，X 轴集电极电压 0.5 V/度，显示极性"+"，极性"+"，扫描电压"+"，功耗电阻 250 Ω，幅度/级 0.2 mA，管脚：E-B-C（型号正面从左至右）。

（3）测试 2N2907（PNP）的具体调节方式：

峰值电压范围 0～10 V，Y 轴集电极电流 2 mA/度，X 轴集电极电压 1 V/度，显示极性"+"，极性"－"，扫描电压"－"，功耗电阻 250 Ω，幅度/级 10 μA，管脚：E-B-C（型号正面从左至右）。

（4）测试 2N222 的具体调节方式：

峰值电压范围 0～10 V，Y 轴集电极电流 2 mA/度，X 轴集电极电压 1 V/度，显示极性"+"，极性"+"，扫描电压"+"，功耗电阻 250 Ω，幅度/级 10 μA，管脚：E-B-C（型号背面从左至右）。

2. 三极管击穿电压的测试

以 NPN 型 3DK2 晶体管为例，测试管脚接法详见表 22-1。

表 22-1　三极管反向击穿测试管脚接法

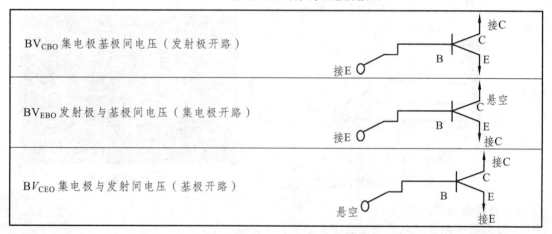

逐步调高"峰值电压"，X 轴的偏移量为对应的 BV_{CBO} 值、BV_{CEO} 值及 BV_{EBO} 值。注：扫描电压极性"－"。

PNP 型晶体管的测试方法与 NPN 型晶体管的测试方法相似。

将晶体管按规定的引脚插入之后，逐渐加大反向峰值电压，即可观察到晶体管反向伏-安特性曲线。当反向电压增加到某一数值之后，反向电流迅速增大，这就是击穿现象。通常规定晶体管两级之间加上反向电压，当反向漏电流达到某一规定值时所对应的电压值即为反响击穿电压。

晶体管的反向漏电流和反向击穿电压有三个参数：

（1）BV_{CBO}：E 极开路时 C-B 之间的反向击穿电压。

（2）BV_{EBO}：C 级开路时 E-B 之间的反向击穿电压。

（3）BV_{CEO}：B 级开路时 C-E 之间的反向击穿电压。

根据这些参数的定义，测试时分别将晶体管 C、B 级，E、B 级和 C、E 级插入图示仪上的插孔 C、E，然后加上反向电压，就可进行测量。测试 V（BR）$_{\text{CEO}}$ 时，也可将晶体管 E、B、C 同时和图示仪连接，将基极阶梯信号选用"零电流"，在 C、E 级同时和图示仪连接，将基极阶梯信号选用"零电流"，在 C、E 极之间加上反向电压进行测量。

（三）操作步骤

（1）开启电源，预热 5 min，调节仪器"辉度""聚焦""辅助聚焦"等旋钮使荧光屏上的线条明亮清晰，然后调整图示仪（具体调整方法见附录）。

（2）根据待测管的类型（NPN 或 PNP）及参数测试条件，调整好光点坐标，将待测管的 C、B、E 按规定进行连接插入相应的位置。根据集电极基极的极性将测试选择开关置于 NPN（此时集电极电压，基极电压均为正）或（PNP 此时集电极电压，基极电压均为负）并将测试状态开关置于常态。

（3）将 Y 轴电流/度置于 I_C 合适挡位，X 轴电压/度置于 U_C 合适挡位。

（4）选择合适的阶梯幅度/级，开关旋至电流/较小挡位，再逐渐加大至要求值。

（5）选择合适的功耗限制电阻，电阻值的确定可按负载的要求或保护被测管的要求进行选择。

（6）根据曲线水平和垂直坐标的刻度，从曲线上读取数据。为了减少测试误差，同一个数据要多读几次，取其平均值。对所显示的 I_B-I_C 曲线（波形）进行观察记录，读取数据，并计算值：

$$\beta \approx \Delta I_\text{C} / \Delta I_\text{B} \text{ 数}$$
$$\Delta I_\text{C} = \text{示波管刻度×挡位读数}$$
$$\Delta I_\text{B} = \text{幅度/级×级数}$$

（7）试验结束后，应将"峰值电压"调回零值，再关掉电源。

（四）使用前的注意事项

（1）特别要了解被测晶体管的集电极最大允许耗散功率 P_{CM}，集电极对其他极的最大反向击穿电压如 $V（BR）_{\text{CEO}}$、$V（BR）_{\text{CBO}}$、$V（BR）_{\text{CER}}$，集电极最大允许电流 I_{CM} 等主要指标。

（2）在测试前首先将极性（即选择 PNP 或 NPN）开关置于规定位置。

（3）将集电极电压输出原则：输出电压不应超过被测管允许的集电极电压，将峰值电压旋至零，功耗限制电阻置于一定的阻值，将 X、Y 偏转开关置于合适的挡位。

（4）选择合格的 X 阶梯电流或电压。

（5）在进行 I_{CM} 的测试时一般采用单次阶梯为宜，以免被测管的电流击穿。

（6）在进行 I_C 或 I_{CM} 测试时，应根据集电极电压的实际情况，不超过本仪器规定的最大电流，具体数据如表 22-2 所示。

表 22-2　电压挡位对照表

电压挡位	10 V	50 V	100 V	500 V	5 kV
允许最大电流	50 A	10 A	5 A	0.5 A	5 MA

在进行 50 A（10 A）挡位测试时，当实际测试电流超过 20 A 时以脉冲阶梯为宜。

【实训与思考】

1."功耗电阻"在测试中起什么作用？应根据什么来选取？

2. 为保证测试管的安全，在测试中应注意哪些事项？

3. 从晶体管结构、材料、器件原理及工艺方面试对各种三极管测试结果的差异性进行分析。

项目二十三　频率计的使用

　　频率计又称为频率计数器，是一种专门对被测信号频率进行测量的电子测量仪器。频率计主要由 4 个部分构成：时基（T）电路、输入电路、计数显示电路以及控制电路。外形如图 23-1 所示。频率计操作简单，测试方便。

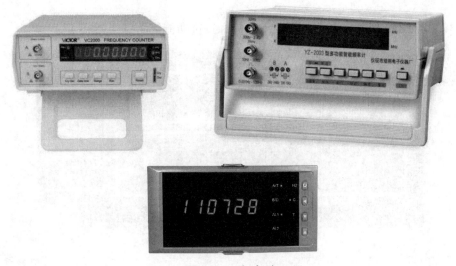

图 23-1　频率计

　　测量频率的方法有很多，按照其工作原理分为无源测频法、比较法、示波器法和计数法等。计数法实质上属于比较法，其中最常用的方法是电子计数器法。电子计数器是一种最常见、最基本的数字化测量仪器。

一、频率计的基本工作原理

　　频率计最基本的工作原理为：当被测信号在特定时间段 T 内的周期个数为 N 时，则被测信号的频率 $f=N/T$（见图 23-2）。

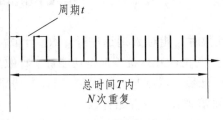

图 23-2

在一个测量周期中，被测周期信号在输入电路中经过放大、整形、微分操作之后形成特定周期的窄脉冲，送到主门的一个输入端。主门的另外一个输入端为时基电路产生电路产生的闸门脉冲。在闸门脉冲开启主门期间，特定周期的窄脉冲才能通过主门，从而进入计数器进行计数，计数器的显示电路用于显示被测信号的频率值，内部控制电路则用来完成各种测量功能之间的切换并实现测量设置。

使用频率计，可满足测量精确度高、快速，不同频率、不同精确度测频的需要。电子计数器测量频率有两种方式：一是直接测频法，即在一定闸门时间内测量被测信号的脉冲个数；二是间接测频法，如周期测频法。

二、频率计面板功能介绍及使用方法

频率计分为 3 个部分，显示屏，输入端口和按键功能区（见图 23-3）。

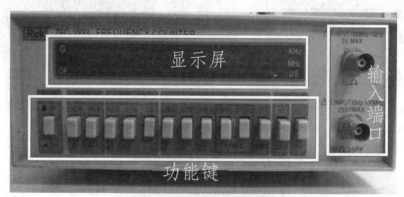

图 23-3　频率计 2

"POWER"电源开关：按下按钮电源打开，仪器进入工作状态，释放则关闭整机电源。

"HOLD"保持功能键：按钮按下后仪器将锁定在当前的工作状态，显示也将保持不变。按钮释放后仪器进入正常工作状态。"0.01 s"闸门时间 0.01 s 选择键。按钮按下后显示六位测量结果。

RESET 复位键：将数据清零复位。

"0.01 s"闸门时间选择键：按钮按下后显示六位测量结果。

"0.1 s"闸门时间选择键：按钮按下后显示七位测量结果。

"1 s"闸门 1 s 选择键：按钮按下后显示八位测量结果。

CHECK 检查键：检查频率计是否正常。

"APER"A 通道周期测量选择键：按下按钮，并且按下闸门的时间键，就能够从 A 通道进行周期测量。

"ATOT"计数功能键：计数时只能对 A 通道进行计数。计数键按下后，计数器开始计数，并将计数结果实时显示出来。按下 HOLD 键（保持功能键）计数显示将保持不变，此时计数器仍在计数。释放 HOLD 键后计数显示则与计数同步。当计数功能键释放时计数显示将保持，再次按下计数功能键计数器将清零并从零开始计数。

"FA"A 通道频率测量选择键：按下按钮并且按下闸门时间键，就可从 A 通道进行频率测量。

"FB" B 通道频率测量选择键：B 通道只能进行频率测量，按下按钮并且按下闸门时间键，就可以从 B 通道进行频率测量。

"X20" 衰减功能键：此按钮只在 A 通道测量时使用，按钮按下后输入信号被衰减 20 倍。

A 通道输入端：被测信号频率为 10 Hz ~ 100 MHz 时接入此通道进行测量。

B 通道输入端：被测信号频率为 100 MHz ~ 1 GHz 时接入此通道进行测量。

三、频率计测试步骤

（1）根据测试需要选择 A、B 通道，接上探笔（见图 23-4），选择频率范围和 GATE time，按下开关，打开频率计。

图 23-4　频率计测试

（2）将笔置于需要测试的晶振上，读出数值，按下 HOLD 键。

项目二十四　转速表的使用

转速是旋转体转数与时间之比的物理量，工程上通常表示为

转速=旋转次数/时间

转速是描述物体旋转运动的一个重要参数。电工中常需要测量电动机及其拖动设备的转速，使用的就是便携式转速表。

转速表是用来测量电机转速和线速度的仪表。转速表种类较多，便携式一般有机械离心式转速表和数字电子式转速表。前者为接触式测量，后者多为非接触式测量。如图24-1所示。

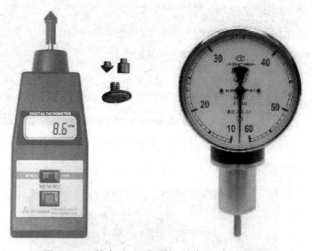

图 24-1　数字电子式和机械离心式转速表

一、工作原理

数字电子式转速表将接收的数字脉冲信号（由传感器发出的），处理后直接读入 CPU 的计数口，经软件计算出转速、和指针相应的位置，再通过 CPU 的控制口，放大后驱动步进电机正负方向旋转，指示相应转速值（指针直接安装在步进电机的旋转轴上，步进电机走一步仅为 1/3 度）。

离心式转速表主要由机心、变速器和指示器三部分组成。如图24-2所示。为使转速表与被测轴能够可靠接触，转速表都配有不同的接触头。使用时可根据被测对象选择合适的接触头安装在转速表输入轴上。它的工作原理是利用旋转质量的离心力与转角度或比例的原理而形成的转速表。当转速表的轴转动时，离心器上重锤在惯性离心力的作用下离开轴心，并通过传动装置带动表针转动。轴的转速根据指针在惯性离心力和弹簧弹力平衡是的位置来确定。离心式转速表是一种最传统的转速测量工具，转速表指针的偏转与被测轴旋转方向无关。

图 24-2　离心式转速表结构

由于离心力 $F = mr\omega^2$，即离心力与旋转角速度的平方成正比，因而离心式转速表的刻度盘是不等分度的。为减小表盘分度的不均匀性，可恰当选取转速表的各种参量及测量范围，充分利用其特性的线性部分，达到使表盘分度尽量均匀的目的。

便携式转速表通常利用变速器来改变转速表的量程。如 LZ-30 型离心式转速表就具有下列 5 个量程（r/min）：30 ~ 120，100 ~ 400，300 ~ 1 200，1 000 ~ 4 000，3000 ~ 12 000。在这种转速表的表盘上通常标有两列刻度，如分度盘的外围标有 3 ~ 12，内圈标有 10 ~ 40。它分别适用于两组量程。

离心式转速表的主要优点是结构简单、使用方便，缺点是精度比较低。

离心式转速表的使用方法如下：

（1）转速表在使用前应加润滑油（钟表油），可从外壳和调速盘上的油孔注入。

（2）为适应不同的旋转轴，离心式转速表都配有不同的触头，使用时可进行选择。

（3）合理选择调速盘的挡位，不能用低速挡去测量高转速。若不知被测转速的大致范围，可先用高速挡测量一个大概数值，然后用相应挡进行测量。

（4）转速表轴与被测转轴接触时，应使两轴心对准，动作要缓慢，以两轴接触时不产生相对滑动为准。同时尽量使两轴保持在一条直线上。

（5）若调速盘的位置在 I、III、V 挡，测得的转速应为分度盘外圈数值再分别乘以 10、100、1 000；若调速盘的位置在 II、IV 挡，测得的转速应为分度盘内圈数值再分别乘以 10、100。

二、两用型手持式转速表的使用与注意事项

两用型手持式转速表测量转速安全、操作简单、测量准确，目前使用较广。如图 24-3 所示。两用型转速表。

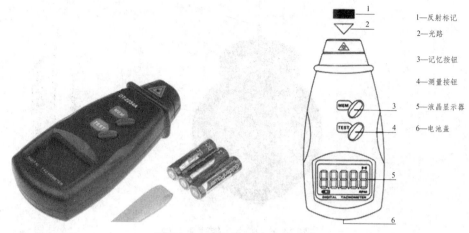

图 24-3 两用型手持式转速表

两用型转速表技术说明：

（1）测试范围：

光电转速方式：2.5 ~ 99999 RPM（转/分）；

接触转速方式：0.5 ~ 19999 RPM（转/分）；

接触线速方式：0.05 ~ 1999.9 m/min（米/分）。

（2）分辨力：

光电转速方式/接触转速方式：

0.01 RPM（转/分）（2.50 ~ 999.99RPM）

0.1 RPM（转/分）（1000.0 ~ 9999，9RPM）

1RPM（转/分）（10000RPM 从上）

接触线速方式：

0.01 m/min（米/分）

（0.05 ~ 99.99 m/min）

0.1 m/min（米/分）（100 m/min 以上）

（一）测量步骤

（1）向待测物体贴上一个反射标记。

（2）按下测量按钮，使可见光束与目标成一直线，监视灯亮。

（3）待显示值稳定时，释放测量按钮。此时无显示，但测量的最大值、最小值和最后一个显示值会自动存储在仪表中。

（4）测量完毕。

（二）操作说明

1. 累积测量（TOTAL）

（1）向待测物体上贴一个反射标记，将功能选择开关拨至"TOTAL"档。

（2）装好电池后按下测量按钮，使可见光束照射在被测目标上（贴好反光条的部位），与被测物每转过一周或每经过一次反射标志，仪表读数加 1，如此循环，直到松开测量按钮，累积值会自动存储在仪表中。

（3）按下 MEM 记忆键，即可显示出累积值。

2. 频率测量（Hz）

（1）向待测物体上贴一个反射标记，将功能选择开关拨至"Hz"挡。

（2）装好电池后按下测量按钮，使可见光束照射在被测目标上（贴好反光条的部位），与被测目标成一条直线，开始测量。

（3）待显示值稳定后，释放测量钮。此时显示屏无任何显示，但测量结果已经自动存储在仪表中，测量结束。

（4）按下 MEM 记忆键，即可显示出最大值、最小值及最后测量值（或多数据存储值）。

3. 转速测量（RPM）

（1）向待测物体上贴一个反射标记，功能选择开关拨至"RPM"档。

（2）装好电池后按下测量按钮，使可见光束照射在被测目标上（贴好反光条的部位），与被测目标成一条直线，开始测量。

（3）待显示值稳定后，释放测量钮。此时显示屏无任何显示，但测量结果已经自动存储在仪表中，测量结束。

（4）按下 MEM 记忆键，即可显示出最大值、最小值及最后测量值（或多数据存储值）。

三、测量注意事项

（1）反射标记：剪下 12 mm 方形的胶带，并在每个旋转轴上贴一块。应注意非反射面积必须比反射面积要大；如果转轴明显反光，则必须先搽以黑漆或黑胶布，再在上面贴反光标记；在贴反光标记之前，转轴表面必须干净与平滑。

（2）低转速测量：为提高测量精度，在测量很低的转速时，建议用户在被测物体上均匀地多贴几块反射标记，此时显示器上的读数除以反射标记数目即可得到实际的转速值。

（3）如果在很长一段时间内不使用该仪表，请将电池取出，以防电池腐烂而损坏仪表。

（4）记忆功能说明：当释放测量按钮时，显示器无任何显示，但测量期间的最大值、最小值及最后一个测量值（见图 24-4）都自动存储在仪表中。无论何时，只要按下 MEM 按钮，测量值就显示出来，先显示数字，后显示英文符号，然后交替显示。其中"UP"代表最大值、"dn"代表最小值，"LA"代表最后一个值。每按一次 MEM 按钮，则显示另一个记忆值。

（5）测量线速度时，应使用转轮测试头。测量的数值按下面公式计算：

$$\omega = Cn \ (\text{m/min})$$

式中　ω——线速度；

　　　C——滚轮的周长；

　　　n——每分钟转速。

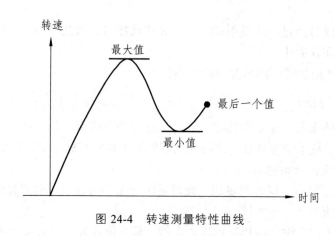

图 24-4　转速测量特性曲线

【实训与思考】

1. 使用一个手持式转速表，按照操作要领，测量一台电动机的运转转速。并做记录。

2. 使用手持式转速表，分别测量实验室相同型号的两台三相异步笼型电动机的转速，比较转速的误差，并做出原因分析。

附1 电气安全技术操作规程

1. 电气工作人员必须具备必要的技术理论知识和实际操作技能，并经考试合格，方可上岗工作。

2. 电气设备的安装要符合国家有关规定，试验操作，先试手动，后试自动，先试空载、后试负载。

3. 连接电动机械与电动工具的电气回路，应设开关或触电保安器等保护装置。移动式电动机械应使用软橡胶电缆，严禁一闸控制多台电动设备。

4. 热元件和熔断器的容量应满足被保护设备的需求，熔丝应有保护罩，管形熔断器不无管使用，熔丝不得大于规定的截面，严禁用其他金属丝代替。

5. 手动操作开启式自动空气开关、闸刀开关及管形熔断器时，应使用绝缘工具，如绝缘手套、绝缘棒等。

6. 装有自动保护装置的电气设备，自动装置应投入使用，未经有关技术部门或技术人员同意，不得随便切除。

7. 不准操作无保护盖的电气开关。合闸操作先合隔离开关，后合负荷开关。分闸操作先分负荷开关，后分隔离开关。

8. 机械电器带电部分应加以保护，不让他人碰到这些带电体，所有机电设备都应做好接地。

9. 在进行修理或安装中，做好设备断电，如有特殊原因，不得不带电作业时，应遵照带电作业安全规定，采取可靠的安全防范措施，有专人监护。

10. 线路修理，必须停电验电，装设三相短路接地保护线，挂标示牌，装设围拦，有专人监护。

11. 一切电气装置拆除后，均不得留有可能带电的导线，如必须保留，应将裸露端包好绝缘，并做出标记妥善放置。

12. 接引电源工作必须有监护人在场，方可进行。

13. 严禁非工作人员从事电气工作。

14. 操作人员必须根据工作条件选用适当的安全用具，每次使用前必须认真检查，不合格不得使用。

15. 电工安全用具必须定期检查，凡不符合技术标准要求的绝缘安全用具、登高作业安全用具、携带式电压或电流指示器等，均不得使用。

16. 安全用具不得任意移作他用，也不得用其他工具代替安全用具，以确保使用安全。

17. 变电所（室）的位置应选取在负荷中心，便于各级电压线路的引入和引出。在有火灾、爆炸危险，灰尘大、振动大的地方，不宜设置配电室。

18. 变电室外构架布置应紧凑合理；电气安全距离应满足有关工作规程的规定，变电室的周围应设置围墙或其他围护设施。

19. 变电室应设置用于熄灭电气火灾的消防设备，消防设备应放置在便于取用的地方。

20. 变压器室的门及栅栏上应悬挂"高压危险"标示牌，并应加锁。

21. 严禁带负荷拉合隔离开关。

22. 如有带电体落地，一定要划出警戒区，以防止跨步电压伤人，并设专人监护。

附2 电气试验安全操作规程

一、通用要求

1. 试验电工必须熟悉被试验设备的性能结构。

2. 对特殊用途和高精度的仪表,应制定安全维护使用措施,并有专人保管。

3. 试验工作中禁止使用不易辨析的信号,应采用警铃、信号灯显示。

4. 试验用的仪用互感器二次侧应可靠接地。被试电压互感器二次线圈拆下的导线头,要及时用胶布包好。

5. 电流互感器二次回路的短接线不能出现假接假焊。禁止用熔丝或铝丝短接。

二、一般耐压试验要求

1. 对电气设备及线路进行耐压试验时,应先填写工作票。在同一电气系统内,试验工作票发出后,在完成反馈前,禁止发第二张工作票。

2. 耐压试验场所和试验人员应遵守下列规定:

(1)固定的试验应有永久性围栏和设置被试物的永久性接地铁板。临时场所应设置醒目的临时围栏,围栏与被试物的距离不应小于 2 m。围栏上应悬挂"高压危险"警示牌,并设专人监护。被试设施两端若不在同一地点(包括线路),另一端也应派人监护。

(2)试验人员不应少于二人。

(3)操作时,必须穿绝缘靴,站在绝缘板或绝缘台上。与带电部分的安全距离,10 kV以下时不小于 0.7 m。

三、试验操作注意事项

1. 试验准备工作完成后,应立即进行耐压试验。若试验中途停止,继续试验前,应对所有的准备工作重新检查一遍,无异常后,方可重新试验。

2. 升压器铁心和外壳应可靠接地。升压器与被试设备间的连接导线应为截面不小于 2.5 mm²、铜质、多股、无接头的加强绝缘导线。导线不得拖在地上或挂在金属物上。

3. 高低压混杂的设备进行耐压试验时,应先区分清楚,分别连接,对应接受耐压的部分,要脱开原电路。

4. 耐压试验中放电时,不得用手指向放电处。

5. 试验结束后,应拆除接地线,将被试设备恢复到试验前的状态。

参考文献

[1]　刘晨号. 电工仪表与测量[M]. 机械工业出版社，2008.

[2]　陈惠群. 电工测量[M]. 机械工业出版社，2010.

[3]　杜德昌. 电工技术与技能[M]. 人民邮电出版社，2015.

[4]　祁和义. 维修电工实训与技能考核训练教程[M]. 机械工业出版社，2008.

[5]　任小文. 通用电工仪表使用指南[M]. 电子科技大学出版社，2017.

[6]　王用鑫. 电子工艺与实训教程[M]. 南京大学出版社，2013.

[7]　徐国华. 模拟及数字电子技术实验教程[M]. 北京航空航天大学出版社，2004.